又好吃 又营养

# 儿童长高益智营养餐

李宁 编著

U0241787

中国轻工业出版社

# 图书在版编目（CIP）数据

儿童长高益智营养餐 / 李宁编著 . —北京：中国
轻工业出版社，2023.4
ISBN 978-7-5184-3630-9

Ⅰ.①儿⋯　Ⅱ.①李⋯　Ⅲ.①儿童－保健－食谱
Ⅳ.①TS972.162

中国版本图书馆 CIP 数据核字（2021）第 166000 号

文字编辑：关　冲
责任编辑：付　佳　　　　　责任终审：李建华　　整体设计：悦然文化
策划编辑：翟　燕　付　佳　责任校对：宋绿叶　　责任监印：张京华

出版发行：中国轻工业出版社（北京东长安街6号，邮编：100740）
印　　刷：北京博海升彩色印刷有限公司
经　　销：各地新华书店
版　　次：2023年4月第1版第2次印刷
开　　本：710×1000　1/16　印张：12
字　　数：200千字
书　　号：ISBN 978-7-5184-3630-9　定价：49.80元
邮购电话：010-65241695
发行电话：010-85119835　传真：85113293
网　　址：http://www.chlip.com.cn
Email：club@chlip.com.cn
如发现图书残缺请与我社邮购联系调换
230320S3C102ZBW

经常会有家长带着上幼儿园、小学乃至中学的孩子来问："我们家的孩子个子矮，在班里坐得越来越靠前，是平时的营养不够吗？还能不能让他（她）多长几厘米？"如果孩子的骨龄偏小，我们还是有一些办法的。但是如果拍了骨龄片显示骨骺已经愈合，就干预不了了。此时，我们是很纠结的，明明知道怎么回事，但没办法帮忙。

而且，让我非常遗憾的是，很多家长没有管理孩子身高的意识，对影响孩子身高因素的认知都是片面的、碎片化的，缺乏系统、科学的儿童生长发育相关知识，甚至还迷信老观点和一些无意中听到的长高"偏方"，以及关于口服增高药的过度宣传。这些不但不能促进长个儿，反而会耽误孩子生长的良机，最终让孩子抱憾终身。

"什么，身高还能管啊？"这是一个家长的原话。大多数家长认为身高就是由遗传因素决定的，父母高孩子一定高，父母矮孩子也高不了，其实身高除了受遗传因素影响外，还与后天环境因素息息相关。

说白了，身高管理就如同我们养花一样，要定期施肥、浇水（均衡营养、监测身高），看看它长得快还是慢（观察生长速度），要是长势不好就要及时挽救（发现异常及时就诊），而不是等它枯萎了（骨骺闭合）才想起来管理，就没有挽回的余地了。

想让孩子长得更高，不但要注意其身高增长速度，还应避免营养过剩导致超重、肥胖，同时控制骨龄发育速度，延长孩子长高的时间。

总之，在孩子长个儿这件事上，不能完全依靠 70% 的遗传基因，一定要重视 30% 的后天因素，尽早进行科学的身高管理，合理安排孩子的饮食、睡眠和运动，让孩子保持良好的心态等，这样孩子的身高才能顺利达到理想状态。

管理好孩子身高，注意下面 4 个关键点。

**均衡营养**

饮食多样化，营养均衡，最大限度发挥营养素的协同作用。

骨骼"混凝土"：蛋白质。

骨骼"支撑者"：钙。

骨骼"加油站"：维生素D。

骨骼"保卫者"：镁。

**优质睡眠**

21：00～1：00 和 5：00～7：00，处于深睡眠状态，帮助生长激素分泌。

管理好孩子身高的 4 个关键点

**良好心情**

平时注意充分关心和爱护孩子，不吼不叫，营造宽松的家庭氛围。

**科学运动**

跳绳、游泳、跳高等，促进生长激素的脉冲式分泌。

孩子就像是树，大脑就是土地，想要树结出丰硕的果实，土地要肥沃。虽然说贫土也能种果树，但沃土和贫土的收成绝对不一样。

如何给孩子大脑补充充足的营养，促进智力发展呢？

均衡合理的营养膳食给孩子带来的有益影响是十分持久的，这种正面影响甚至可能影响一生。处于生长发育期的儿童，饮食中一定要补充促进脑细胞生长的蛋白质、有助于脑部发育的DHA、具有补血功能的铁和增食欲促吸收的锌，为儿童的大脑发育保驾护航。

这本书是我从医 20 多年来的经验总结。希望通过这本书，家长能了解跟孩子长高、益智相关的营养知识，辨明谣言和误区，科学评估孩子身高和智力发展，做到提前干预、及时治疗，不错过发展的每一个黄金期。

李宁

2021 年 9 月

# 目录

## 貌似正确的长高益智误区

## PART 1 补对关键营养素，长高益智不用愁

# PART 2　孩子长高聪明的秘密，就在这些黄金食材中

# 孩子爱吃的经典长高益智营养餐

## PART 4　重视不同阶段营养，孩子个子高又聪明

## PART 5　吃对四季营养餐，孩子更高、更聪明

# PART 6　特效功能食谱，少生病，长得快

# 附录

# 貌似正确的长高益智误区

## 拉伸运动有助长高

有研究表明，经常运动的孩子最终身高要比不运动的孩子高出 2~3 厘米。人的身高主要取决于两方面——遗传性因素和后天因素。后天的锻炼及充足的营养有助于长高，像跳绳、打篮球、游泳、快走等运动，都对长高大有裨益，应该鼓励孩子每日坚持这些运动至少半小时。

总有家长认为，像单杠这样的拉伸运动对长高最有帮助。商家为了迎合这种心理，发明了各式各样的拉伸器、拉伸床。实际上，这种拉伸运动及辅助器材，只能短暂地增加身体大关节关节腔间隙，休息后即可恢复原状，对孩子的最终身高影响并不大。

## 个子矮，就打点生长激素

很多家长觉得，孩子长得矮，就打点生长激素。不可否认，生长激素对身高、生长肯定有促进作用。但通过注射生长激素来促进长高，绝对不是一件随随便便的事情，它需要由专业医生进行详细的检查及评估。造成孩子身材矮小的原因多种多样，生长激素缺乏的孩子使用生长激素治疗效果最好；对其他疾病引起的矮小，如特发性矮小症、小于胎龄儿、特纳综合征等也有一定效果。但生长激素并不是对所有身材矮小都有效。如果孩子矮小是因为甲减等因素导致的，或孩子已经进入青春期且骨骺已经闭合，使用生长激素不仅是无效的，而且可能会延误病情或引起一些不良反应。总之，生长激素的使用必须经过专科医生的严格指导，明确病因，把握时机，有针对性地使用。

## 只是晚长，再等一等

孩子长得矮，有些人认为是岁数没到，只是晚长，尤其是男孩，"二十三还能蹿一蹿"。为此很多家长都进入了误区，从而耽误了孩子的生长，追悔莫及。

不过，晚长现象确实有。医学上称之为体质性青春期发育迟缓。这些孩子儿童期比同龄孩子矮小，性发育滞后，骨龄落后，以后有追赶现象。该现象在矮身材中约占15%，而且往往这些孩子的父亲或母亲也有晚长的现象。这些孩子只占一少部分，所以家长千万别将孩子不长个儿的原因都归咎于"晚长"。进入青春期后不久，身高增长就会逐年减缓。月经初潮和遗精是性发育成熟的标志。一般情况下，女孩月经初潮后，男孩出现遗精后，提示身高增长已经过了最快的时期，进入减速期。此时进行身高管理，效果会大打折扣。如果月经或遗精已经出现1~2年，往往骨骺线已闭合，失去了身高管理的空间。所以，对有些身材明显矮小的孩子来说，完全寄希望于青春期追上同龄儿的想法是不对的，这可能会让孩子错过最佳的生长时机。

## 经常喝骨头汤，孩子爱长个儿

很多人认为，骨头汤美味又大补，在孩子的饮食生活中必不可少。因为它"能大补""有营养"，认为有"补钙""长身体"的奇效。可事实上，骨头汤里的钙含量甚至还不如很多地区的自来水含钙量高。骨头虽然钙含量丰富，但就算长时间炖煮，钙也很难溶进汤里。一碗骨头汤含有2~3毫克钙。以6岁的儿童为例，平均每日需要800毫克钙，喝300碗左右骨头汤才能满足人体需要。而100克牛奶中就含有104毫克钙，这比骨头汤的补钙效果好多了。

## 父母个子高，孩子一定不会矮

从遗传学角度来讲，个子高的父母生的孩子通常是高个儿，个子矮的父母生的孩子通常是矮个儿，但是遗传对身高的影响大概为70%。据统计，孩子的身高从父亲那里遗传35%，从母亲那里遗传35%，剩下的30%取决于环境，与这个数字相应，高个子的父母生下的孩子70%的概率是高个儿，矮个子的父母生下的孩子70%的概率是矮个儿。因此，对孩子的身高也不要过于想当然，认为父母身高足够，孩子也不会矮。先天因素具备，也要考虑后天因素的影响。如果发现孩子每年身高增长不足5厘米，除了应该注意日常饮食外，还应及时找医生咨询。

## 左撇子的孩子更聪明

在生活中经常会有人说，左撇子的人更聪明，其实这并没有太多科学依据。科学家对惯用左手的人和惯用右手的人进行研究，发现他们在智商层面上并没有差异。只是左撇子主管想象和音乐等形象思维的右脑发育比较占优势，右撇子主管文字和数学逻辑思维的左脑发育比较占优势，二者在智商上没有太大区别。因此，想让孩子更聪明，就需要摄入充足的营养以及进行足量的运动，让孩子拥有健康的身心才是关键。

## 每天给孩子补充蛋白粉，提高智力和体力

　　让孩子赢在起跑线上几乎是所有家长的心愿。很多家长被各种广告吸引，什么都给孩子补，比如蛋白粉。蛋白粉一般是由大豆蛋白或乳清蛋白提纯制成，起到补充蛋白质的作用。

　　蛋白粉有营养，但成分较为单一，不能替代日常饮食，也不能治病，只对特定人群有帮助，比如健美运动员、肠道吸收不良者、大面积烧伤患者等。蛋白粉所能提供的蛋白质只是整体营养的一部分，如果孩子饮食均衡且蛋白质摄入充足，不必额外补充。而且影响孩子智力和体力的因素很多，蛋白粉并不能替代其他营养素，传说中的"吃蛋白粉可以让孩子变聪明、更有劲儿"是没有科学依据的。

## 为了开发智力，应该让孩子多玩益智玩具

　　益智玩具在一定程度上可以开发孩子的智力，但不加选择地给孩子买各式各样的益智玩具，想让孩子开发智力、培养情商等是不可取的。凡事要讲究度，过多的玩具会分散孩子的注意力，特别是5岁以下的儿童，其脑神经发育尚未健全，如果提供太多玩具，容易使孩子受到过多刺激，各种兴奋灶就会互相影响、互相制约，从而出现兴奋灶弱化，反而会影响神经系统发育。所以，为孩子选择玩具应把握好度。

# PART 1

# 补对关键营养素，
# 长高益智不用愁

# 蛋白质

蛋白质是骨细胞的重要成分，且参与骨细胞分化、骨的形成和重建，是增高的重要材料。蛋白质也是脑细胞生长发育和神经纤维修复再生的成分之一。

### 每日推荐摄入量

| 年龄 | 推荐量 |
| --- | --- |
| 0~6个月 | 9克 |
| 6个月~1岁 | 20克 |
| 1~3岁 | 25克 |
| 3~6岁 | 30克 |
| 6~7岁 | 35克 |
| 7~9岁 | 40克 |
| 9~10岁 | 45克 |
| 10~11岁 | 50克 |
| 11~14岁 | 男60克 女55克 |
| 14~18岁 | 男75克 女60克 |

### 重点推荐食材

鸡蛋、鹌鹑蛋、牛奶、禽畜肉、鱼虾、大豆及其制品。

## 牛肉酿豆腐 1岁+

**材料** 牛里脊、豆腐各 100 克。

**调料** 姜片 10 克，盐少许，淀粉适量。

**做法**

1. 把姜片放在小碗中，加少许温水泡 15 分钟。
2. 牛里脊洗净，切小块，放入料理机中打成泥。
3. 取适量泡好的姜水倒入牛肉泥中，用手反复抓匀，再放入盐、淀粉和植物油，用筷子朝一个方向搅拌均匀。
4. 豆腐洗净，切成长方块，用小勺挖掉 2/3，摆盘。
5. 将拌好的牛里脊泥用勺填入到豆腐中。取蒸锅加清水，将豆腐盘放入锅中，水开后继续大火蒸 20 分钟即可。

快乐成长 好营养

日常饮食中，应多给孩子摄入富含优质蛋白质的食物，如禽畜类、鱼类、奶类、大豆及其制品等，消化吸收率高，对孩子的长高益智有益。

注：营养素每日推荐摄入量参考《中国居民膳食营养素参考摄入量速查手册 (2013 版 )》。

猪瘦肉除了富含蛋白质，还含有丰富的B族维生素、铁，搭配莴笋、胡萝卜等食用，不仅能帮助长高益智，还能调节新陈代谢。

扫一扫 轻松学

# 五彩瘦肉丁 2岁+

**材料** 红彩椒、黄彩椒、柿子椒各20克，莴笋、胡萝卜各30克，猪瘦肉120克。

**调料** 蚝油5克，生抽3克，料酒10克，白糖2克，淀粉适量。

**做法**

❶ 胡萝卜洗净，切丁；莴笋去皮，洗净，切丁；红彩椒、黄彩椒、柿子椒洗净，去蒂及子，切丁；猪瘦肉洗净，切丁，加生抽、淀粉、白糖和料酒腌10分钟。

❷ 锅内倒油烧至六成热，放入瘦肉丁略炒，加入莴笋丁、胡萝卜丁，加蚝油翻炒。

❸ 再放入红彩椒丁、黄彩椒丁、柿子椒丁炒匀即可。

# 豆腐皮鹌鹑蛋 1.5 岁⁺

**材料** 鹌鹑蛋120克，豆腐皮60克。

**调料** 大料1个，老抽2克，盐1克。

**做法**

① 鹌鹑蛋洗净，煮熟盛出，去壳；豆腐皮洗净，切条。

② 锅中放入适量清水、老抽、大料和盐，大火煮开后转小火煮出味。

③ 放入鹌鹑蛋、豆腐皮条，煮沸后继续煮10分钟关火，闷至常温即可。

快乐成长好营养

鹌鹑蛋富含蛋白质、卵磷脂，搭配豆腐皮同食，具有健脑、增高的作用。

**10 月⁺**

# 虾皮鸡蛋羹

**材料** 鸡蛋 1 个，虾皮、海苔各 5 克。

**做法**

1. 鸡蛋打散，加入等量的饮用水搅匀成蛋液；海苔切丝。
2. 蒸锅中放入鸡蛋液，大火蒸 10 分钟，撒虾皮、海苔丝即可。

*快乐成长好营养*

这道菜富含钙、卵磷脂等，能促进骨骼和大脑发育。

**1.5 岁⁺**

# 西蓝花炒虾仁

**材料** 西蓝花 100 克，虾仁 50 克。
**调料** 料酒、酱油、蒜末各 3 克。

**做法**

1. 西蓝花去柄，切小朵，洗净，焯烫捞出；虾仁洗净，去虾线，焯烫捞出。
2. 锅内倒油烧热，放入蒜末爆香，加入虾仁翻炒，烹入料酒，倒入西蓝花大火爆炒，加入酱油调味即可。

*快乐成长好营养*

虾仁富含钙、锌、蛋白质，搭配富含维生素 C 和膳食纤维的西蓝花，能促进孩子骨骼发育、平衡免疫力。

钙对人体来说是一种
非常重要的矿物质。
儿童体内 99% 的钙都
集中在骨骼和牙齿。
钙的营养状况对骨骼
发育和身高影响很大。

每日推荐摄入量

| 年龄 | 推荐量 |
| --- | --- |
| 0~6个月 | 200毫克 |
| 6个月~1岁 | 250毫克 |
| 1~4岁 | 600毫克 |
| 4~7岁 | 800毫克 |
| 7~11岁 | 1000毫克 |
| 11~14岁 | 1200毫克 |
| 14~18岁 | 1000毫克 |

重点推荐食材

虾皮、奶及奶制品、
豆腐、黄花鱼、鲈鱼、
海带。

# 香菇豆腐鸡蛋羹  10 月⁺

**材料** 豆腐 150 克，鲜香菇 40 克，虾皮 5 克，鸡蛋 1 个。

**调料** 葱花 4 克，香油、料酒各适量。

**做法**

1. 豆腐洗净，搅打成泥状；鲜香菇洗净，焯水，切丁；鸡蛋打散备用。

2. 豆腐泥中加入鸡蛋液、虾皮、香菇丁，调入料酒搅匀，盛入碗中。

3. 将碗放入蒸锅中大火蒸约 10 分钟，撒葱花，滴上香油即可。

豆腐含有丰富的蛋白质、钙等，搭配富含维生素 D 的香菇食用，可以促进钙吸收，帮助孩子长个儿。

扫一扫 轻松学

# 小黄鱼豆腐汤

**材料** 小黄花鱼 150 克，豆腐 70 克。

**调料** 葱花、姜片、盐各适量。

**做法**

❶ 小黄花鱼去鳞、内脏，洗净；豆腐洗净，切块，焯水，捞出。

❷ 锅内倒油烧热，爆香葱花、姜片，放入小黄花鱼略煎，倒入适量清水，放入豆腐块焖煮 15 分钟，调入盐即可。

小黄花鱼肉质鲜嫩，富含磷脂、蛋白质，搭配富含钙和蛋白质的豆腐，有助于促进骨骼发育和大脑发育。需要注意的是，给孩子喂饭时，一定要挑净鱼刺。

# 草莓奶昔

**材料** 牛奶 100 克，草莓 150 克。

**调料** 盐适量。

**做法**

❶ 草莓洗净，放入加了盐的清水中浸泡 5 分钟，冲洗干净。

❷ 将草莓放入料理机中搅打成糊，加入牛奶，打成奶昔状即可。

牛奶是人体钙的最佳来源，而且钙磷比例适当，利于钙的吸收。草莓含有丰富的维生素 C，还可以促进铁的吸收。二者搭配，能补钙健骨、开胃健脾。

维生素 A 能增强长骨骨骺软骨细胞的活性，还能通过调节生长激素和甲状腺激素的分泌来影响身高。

**每日推荐摄入量**

| 年龄 | 推荐量 |
| --- | --- |
| 0~6个月 | 300微克 |
| 6个月~1岁 | 350微克 |
| 1~4岁 | 310微克 |
| 4~7岁 | 360微克 |
| 7~11岁 | 500微克 |
| 11~14岁 | 男670微克 女630微克 |
| 14~18岁 | 男820微克 女630微克 |

**重点推荐食材**

动物肝脏、蛋黄、海鱼、胡萝卜（胡萝卜素在体内可转化为维生素A）。

# 熘猪肝 2岁+

**材料** 猪肝100克，柿子椒50克。

**调料** 生抽3克，蒜片4克，盐1克，水淀粉、料酒各适量。

**做法**

① 猪肝洗净，切片，加盐、料酒、生抽腌渍30分钟；柿子椒洗净，去蒂及子，切片。

② 锅内倒油烧至六成热，炒香蒜片，加入猪肝片炒至变色，放入柿子椒片，加生油略炒，倒入水淀粉勾芡即可。

快乐成长 好营养

猪肝含有丰富的维生素A，不仅有助于生长发育，还能补肝、明目。

扫一扫 轻松学

## 香菇胡萝卜炒芦笋

**材料** 芦笋 100 克，胡萝卜 50 克，鲜香菇 20 克。

**调料** 蒜末 5 克，盐 2 克。

**做法**

① 鲜香菇、胡萝卜、芦笋洗净，香菇切片，胡萝卜切细条、焯水，芦笋切段、焯水。

② 锅内倒油烧热，炒香蒜末，加胡萝卜条、香菇片、芦笋段炒熟，加盐即可。

*快乐成长 好营养*

芦笋富含多种维生素，胡萝卜含有丰富的胡萝卜素，香菇含有丰富的维生素 D。三者搭配食用，可以促进儿童骨骼、大脑发育。

## 蛋黄玉米泥

**材料** 鲜玉米粒 100 克，熟蛋黄 1 个。

**做法**

① 鲜玉米粒洗净煮熟，放入料理机中。

② 熟蛋黄放入料理机中，加入适量饮用水，打成泥即可。

*快乐成长 好营养*

蛋黄中含有丰富的维生素 A 和卵磷脂；玉米中含有丰富的 B 族维生素、玉米黄素。二者搭配食用有助于大脑发育。

# 维生素C

维生素C是一种抗氧化剂，保护身体抵抗自由基的威胁。维生素C还能促进成骨细胞生长，有助于铁吸收，帮助预防贫血。

## 每日推荐摄入量

| 年龄 | 推荐量 |
| --- | --- |
| 0~4岁 | 40毫克 |
| 4~7岁 | 50毫克 |
| 7~11岁 | 65毫克 |
| 11~14岁 | 90毫克 |
| 14~18岁 | 100毫克 |

## 重点推荐食材

圆白菜、西蓝花、柿子椒、柑橘、猕猴桃、鲜枣等。

# 彩椒炒猪血

**材料** 柿子椒、红彩椒各80克，猪血50克。

**调料** 盐2克。

**做法**

1. 柿子椒、红彩椒洗净，去蒂及子，切圈；猪血洗净，切片，焯水。

2. 锅置火上，放油烧热，加入猪血片翻炒，倒入少许清水将其焖软，放入柿子椒圈、红彩椒圈翻炒，加盐调味，收干汤汁即可。

这道菜富含维生素C、蛋白质、铁等营养，能补血防贫血，帮助孩子长高个儿。

# 圆白菜炒番茄 1.5岁+

**材料** 圆白菜 150 克，番茄 100 克，柿子椒 50 克。

**调料** 蒜片 5 克，十三香、盐、醋各 2 克。

**做法**

❶ 圆白菜洗净，切丝；番茄洗净，切块；柿子椒洗净，去蒂及子，切条。

❷ 锅内倒油烧热，放入蒜片炒香，再放入圆白菜丝、番茄块、柿子椒条翻炒至熟，加盐、十三香、醋调味即可。

快乐成长 好营养

这道菜富含维生素 C，能促进消化，增强食欲，促进儿童长高。烹调时适当加点醋，不但使菜脆嫩好吃，而且可以减少维生素 C 的破坏。

# 猕猴桃雪梨汁 8月+

**材料** 猕猴桃 100 克，雪梨 70 克，柠檬 10 克。

**做法**

❶ 猕猴桃洗净，去皮，切小块；雪梨洗净，去皮及核，切小丁；柠檬洗净，去皮及子，切小块。

❷ 将上述食材放入榨汁机中，加入适量饮用水，搅打均匀即可。

快乐成长 好营养

蔬果长时间曝露在空气中，甚至被日光照射都会造成维生素 C 损失。因此，榨好的猕猴桃雪梨汁应尽快饮用，减少营养素流失。

# 维生素 D

获得维生素 D 最简单的方式就是晒太阳。孩子身体受紫外线的照射后，能促进体内合成维生素 D。维生素 D 能提高孩子对钙的吸收，促进骨骼钙化和牙齿健康，预防佝偻病。

**每日推荐摄入量**

| 年龄 | 推荐量 |
| --- | --- |
| 1~18岁 | 10微克 |

**重点推荐食材**

蛋黄、蘑菇、奶油、动物内脏。

注：儿童应保持每天进行 1-2 小时的户外活动，有助于体内合成维生素 D。

# 猪肝泥 7月<sup>+</sup>

**材料**　新鲜猪肝 100 克。

**做法**

① 猪肝剔去筋膜，切片，用清水浸泡 30~60 分钟，中途勤换水。

② 泡好的猪肝用清水反复清洗，最后用热水清洗一遍。

③ 放入蒸锅，大火蒸 20 分钟左右。

④ 取出后将猪肝放入料理机中，加少许温水打成泥即可。

快乐成长 好营养

猪肝含有维生素 D、卵磷脂、维生素 A 等，有利于儿童长高和大脑发育。猪肝还富含血红素铁，也是儿童补铁的优选食物。

# 香菇炒鸡蛋 1.5岁+

**材料** 鲜香菇 100 克，鸡蛋 1 个。

**调料** 葱末、生抽各 5 克，盐 1 克。

**做法**

1. 香菇洗净，去蒂，切片，焯水；鸡蛋打散，炒熟盛出。

2. 锅内倒油烧热，放葱末煸炒出香味，下香菇片、生抽翻炒均匀，加入鸡蛋炒匀即可。

香菇含 B 族维生素、维生素 D、铁、钾等人体所需营养。搭配鸡蛋，可促进儿童对钙的吸收，有助于长高。

# 蛤蜊蒸蛋 1岁+

**材料** 蛤蜊肉 100 克，虾仁、鲜香菇各 50 克，鸡蛋 1 个。

**调料** 盐适量。

**做法**

1. 香菇洗净，焯熟，切碎；虾仁、蛤蜊肉洗净，切碎；鸡蛋磕开，搅匀成蛋液。

2. 鸡蛋液中加入蛤蜊碎、虾仁碎、香菇碎，搅拌均匀，蒙上保鲜膜，用牙签扎几个透气孔。

3. 蒸锅中加水，水开后将鸡蛋液入蒸锅，隔水蒸 15 分钟即可。

蛤蜊富含钙、锌，搭配富含维生素 D、卵磷脂的鸡蛋，能促进儿童生长发育，还能帮助调节免疫力。

镁是人体重要的矿物质，可以激活体内三百多种重要酶的活性，促进身体新陈代谢。儿童缺镁与罹患消化系统疾病、严重挑食等因素关系密切。镁还有助于骨生成，维护骨骼健康。

**每日推荐摄入量**

| 年龄 | 推荐量 |
| --- | --- |
| 0~6个月 | 20毫克 |
| 6个月~1岁 | 65毫克 |
| 1~4岁 | 140毫克 |
| 4~7岁 | 160毫克 |
| 7~11岁 | 220毫克 |
| 11~14岁 | 300毫克 |
| 14~18岁 | 330毫克 |

**重点推荐食材**

松子、杏仁、燕麦片、黑芝麻、玉米、黑米、口蘑。

# 五彩豌豆 2岁+

**材料** 玉米粒、豌豆、胡萝卜各80克，猪瘦肉50克，火腿肠20克。

**调料** 生抽3克，盐2克。

**做法**

1 玉米粒、豌豆洗净；胡萝卜洗净，切丁；猪瘦肉洗净，切末，加生抽、植物油腌10分钟；火腿肠切丁。

2 锅内倒油烧热，放入肉末翻炒，加入玉米粒、豌豆、胡萝卜丁、火腿肠丁炒熟，加盐调味即可。

快乐成长 好营养

这道菜富含镁、膳食纤维、胡萝卜素、B族维生素等，且颜色鲜艳、味道可口，能促进食欲，助力长高。

# 香蕉燕麦卷饼

**材料** 香蕉100克，面粉50克，原味燕麦片40克，杏仁粉5克，去核红枣3枚。

**做法**

① 香蕉去皮，切碎；红枣切碎，放入料理机中，加适量饮用水打成泥。

② 将燕麦片、杏仁粉、面粉、香蕉碎和适量饮用水搅匀成面糊。

③ 将面糊分成若干小份，在平底锅中倒入面糊，摊开，小火煎至两面熟透即为饼皮。

④ 将红枣泥均匀涂在饼皮上，卷起来即可。

快乐成长
好营养

这款饼含有镁、锌、膳食纤维等，可以促进儿童营养吸收，有助于长高。

# 杏仁玉米汁 9月+

**材料** 甜玉米1根，杏仁片、奶粉各15克。

**做法**

① 玉米洗净，剥粒，洗净。

② 将玉米粒、杏仁片放入豆浆机中，加入适量饮用水，开启"豆浆"键。

③ 待玉米汁煮好，加入奶粉，搅拌均匀即可。

快乐成长
好营养

玉米可以提供谷氨酸和胡萝卜素，不仅能促进大脑细胞代谢，还有呵护视力的作用。另外，玉米富含镁，搭配富含钙的杏仁和奶粉，有助于儿童长高。

锌和儿童的生长发育、免疫密切相关，如果缺乏锌，会导致没食欲，甚至出现厌食、偏食、异食癖。另外，锌也影响着维生素A的代谢和正常的视觉功能。

### 每日推荐摄入量

| 年龄 | 推荐量 |
| --- | --- |
| 0~6个月 | 2毫克 |
| 6个月~1岁 | 3.5毫克 |
| 1~4岁 | 4毫克 |
| 4~7岁 | 5.5毫克 |
| 7~11岁 | 7毫克 |
| 11~14岁 | 男10毫克 女9毫克 |
| 14~18岁 | 男11.5毫克 女8.5毫克 |

### 重点推荐食材

海产品（如牡蛎、蕨菜、蛏干），动物肝脏如（牛肝、猪肝），红肉（如牛肉、猪肉）。

# 牡蛎南瓜羹 1岁+

**材料** 南瓜100克，牡蛎肉80克。

**调料** 盐1克，葱丝、姜丝各适量。

**做法**

① 南瓜去皮及瓤，洗净，切细丝；牡蛎肉洗净，切丝。

② 汤锅置火上，加入适量清水，放入南瓜丝、葱丝、姜丝，大火烧沸后转小火，盖上盖煮成羹状，关火，放入牡蛎丝煮熟，加盐调味即可。

**快乐成长 好营养**

牡蛎富含锌，是非常好的健脑益智食材。另外，牡蛎的含钙量丰富，有"海洋牛奶"的美称，可以促进骨骼生长发育。搭配富含钾、膳食纤维的南瓜，可促进消化。

## 2.5 岁+

# 黄瓜腰果炒牛肉

**材料** 牛肉 100 克，腰果 20 克，黄瓜 80 克，洋葱 30 克。

**调料** 酱油、姜汁、蒜末各适量，盐 1 克。

**做法**

❶ 牛肉洗净，切丁，用酱油、姜汁抓匀，腌渍 30 分钟；黄瓜、洋葱洗净，切丁。

❷ 锅内倒油烧热，炒香蒜末，放入牛肉丁翻炒，放入洋葱丁、黄瓜丁煸炒，倒入腰果，加盐调味即可。

快乐成长
好营养

这道菜含有锌、铁、优质蛋白质，可以促进骨骼生长，预防贫血。

## 1.5 岁+

# 百合干贝蘑菇汤

**材料** 百合 10 克，干贝 20 克，鲜香菇 100 克。

**调料** 葱花少许，盐 1 克。

**做法**

❶ 干贝、百合清水洗净，浸泡 30 分钟，干贝去黑线；香菇洗净切块，焯水。

❷ 锅内倒油烧热，放入葱花爆香，放入香菇块翻炒，倒入泡好的百合和干贝及汤，大火煮沸，加盐调味即可。

快乐成长
好营养

香菇含较丰富的维生素 D，搭配锌、蛋白质含量丰富的干贝，有助于促进骨骼生长。

铁是人体内含量较为丰富的微量元素，是造血的重要材料之一，铁摄入不足时会发生贫血。严重贫血会影响孩子的身高和智力发育。

| 年龄 | 推荐量 |
| --- | --- |
| 0~6个月 | 0.3毫克 |
| 6个月~1岁 | 10毫克 |
| 1~4岁 | 9毫克 |
| 4~7岁 | 10毫克 |
| 7~11岁 | 13毫克 |
| 11~14岁 | 男15毫克 女18毫克 |
| 14~18岁 | 男16毫克 女18毫克 |

**重点推荐食材**

各种肉类，特别是红肉、动物肝脏、动物血。

# 芝麻肝 1岁+

**材料** 猪肝100克，鸡蛋1个，熟黑芝麻20克，面粉10克。

**调料** 姜末、盐各少许。

**做法**

❶ 鸡蛋打散，搅拌均匀；猪肝洗净，切小薄片，加盐、姜末腌渍10分钟，蘸面粉、鸡蛋液和熟黑芝麻。

❷ 锅内倒油烧热，放入猪肝片熘炒至熟即可。

快乐成长 好营养

猪肝可以提供铁和B族维生素，有助于补血。鸡蛋中的卵磷脂有利于孩子大脑发育，提高记忆力。再搭配钙含量丰富的芝麻，助力孩子长高益智。

# 韭菜鸡蛋炒鸭血

**材料** 韭菜、鸭血各 100 克，鸡蛋 1 个，
红彩椒 30 克。

**调料** 盐 2 克，料酒 5 克，姜片、蒜片
各适量。

**做法**

① 韭菜择洗干净，切段；红彩椒洗净，去
蒂及子，切丝；鸡蛋打散，炒熟，盛出
备用。

② 鸭血洗净，切厚片，放入加了料酒、姜
片、蒜片的开水中煮熟，捞出。

③ 锅内倒油烧热，加入韭菜段翻炒，倒入
鸭血片、彩椒丝、鸡蛋稍炒，加盐调味
即可。

# 牛肉盖浇饭

**材料** 牛里脊、苦瓜、胡萝卜各 50 克，
大米、小米各 20 克。

**做法**

① 大米、小米淘洗干净，煮成二米饭。

② 苦瓜洗净，去皮及瓤，切丁，焯软；胡
萝卜洗净，去皮，切丁，焯软；牛里脊
洗净，切丁。

③ 锅内倒油烧热，放入牛里脊丁炒香，再
加入苦瓜丁、胡萝卜丁炒至八成熟，加
水焖煮至收汁。

④ 将炒好的菜汁浇在二米饭上即可。

这款主食含铁、优质蛋白质，可补充
体力、开胃促食。

# 卵磷脂

促进大脑发育

卵磷脂是肝脏的保护伞，可以帮助避免儿童肝脏受到损害，还可以促进大脑发育，增强记忆力。同时，它还能清除、分解血管中堆积的废物。

**每日推荐摄入量**

一般来说，如孩子饮食均衡，就不必担心缺乏，也不需要额外补充含卵磷脂的营养品。已添加辅食的孩子可以从鸡蛋黄等食物中摄取到身体所需的卵磷脂。

**重点推荐食材**

大豆及其制品、动物肝脏、鸡蛋黄、三文鱼。

## 三彩豆腐羹 7月⁺

**材料** 豆腐、油菜、南瓜、土豆各 50 克。

**做法**

① 油菜择洗干净，焯熟，切碎。

② 南瓜洗净后去皮及瓤，切块；土豆洗净，去皮切块，和南瓜块一起放入蒸锅蒸熟，取出后分别捣成泥。

③ 豆腐用清水冲一下，放入沸水中煮 10 分钟，捞出沥水，用研磨碗压成泥状，放入油菜碎、南瓜泥、土豆泥拌匀即可。

快乐成长
好营养

豆腐中的卵磷脂和蛋白质能为孩子大脑和神经发育提供营养，含有的钙有利于孩子骨骼发育。

扫一扫 轻松学

# 丝瓜炒鸡蛋

**材料** 丝瓜 150 克,鸡蛋 1 个。

**调料** 盐 1 克。

**做法**

❶ 丝瓜去皮,洗净,切滚刀块;鸡蛋打散。

❷ 锅内倒油烧至六成热,倒入鸡蛋液,炒成鸡蛋块,盛出。

❸ 锅底留油,放入丝瓜块翻炒,加少许水,炒至丝瓜块成透明状,倒入鸡蛋块、盐,翻炒均匀即可。

快乐成长 好营养

丝瓜中含有胡萝卜素和膳食纤维,搭配卵磷脂和蛋白质含量丰富的鸡蛋,不仅可以促进孩子大脑发育,还有利于肌肉生长。

# 香煎三文鱼

**材料** 三文鱼 200 克,熟黑芝麻少许。

**调料** 酱油 3 克,料酒适量,葱花少许。

**做法**

❶ 三文鱼洗净,切片,用料酒、酱油腌渍 30 分钟。

❷ 平底锅刷少许油,将腌渍好的三文鱼片放入锅中煎至两面金黄,撒上熟黑芝麻、葱花即可。

快乐成长 好营养

三文鱼富含卵磷脂、ω-3 不饱和脂肪酸,可促进大脑发育。

## DHA

DHA 是一种多不饱和脂肪酸，对儿童脑细胞分裂、神经传导、智力发育等起着十分重要的作用。它是大脑和视网膜的重要构成成分，有助于儿童眼睛和大脑的发育。

### 每日推荐摄入量

| 年龄 | 推荐量 |
| --- | --- |
| 0~4岁 | 100毫克 |

### 重点推荐食材

三文鱼、金枪鱼、带鱼、黄花鱼、海参、鲈鱼、牡蛎、扇贝、核桃仁。

# 清蒸三文鱼 1.5 岁⁺

**材料** 三文鱼肉 200 克。

**调料** 盐、葱丝、姜丝、香油、柠檬汁各适量。

**做法**

① 三文鱼肉洗净，切段，撒少许盐，加柠檬汁抓匀。

② 取盘，放入三文鱼肉，放上葱丝、姜丝、香油，送入蒸锅大火蒸 7 分钟即可。

快乐成长
好营养

这道菜富含大脑成长所需的 DHA，不仅能促进神经组织的发育，还有助于视网膜的发育。

核桃仁是我们经常食用的坚果，其中富含蛋白质、脂肪、钙、DHA 等，对孩子健脑益智有帮助。

# 核桃仁蒜薹炒肉丝 3岁+

**材料** 蒜薹 100 克，猪瘦肉 80 克，核桃仁 50 克。

**调料** 盐、姜丝、酱油各适量。

**做法**

① 蒜薹洗净，切小段；猪瘦肉洗净，切丝。

② 锅内倒油烧热，炒香姜丝，倒入肉丝滑散。

③ 再加入蒜薹段、酱油炒至变色，加核桃仁翻炒均匀，加盐调味即可。

# 糖醋带鱼 2岁+

**材料** 带鱼 200 克。

**调料** 葱丝、姜丝、料酒、醋各 10 克，生抽、白糖各 5 克，盐适量。

**做法**

① 带鱼洗净，刮掉鱼鳞，切成 6 厘米左右的段，用姜丝和料酒腌渍 20 分钟，控去水分。

② 将料酒、生抽、白糖、醋、盐调成味汁。

③ 锅内倒油烧热，下带鱼段小火煎至两面金黄。

④ 放入葱丝、姜丝，倒入味汁，再加入适量清水大火烧开，收汁即可。

快乐成长
好营养

带鱼可以提供 DHA 和卵磷脂，对大脑细胞功能的运转提供营养支持。另外，带鱼中还含有一定量的硒，可清除自由基，减少细胞损伤。

扫一扫 轻松学

## 红薯饼  9月<sup>+</sup>

**材料** 面粉100克，红薯80克。

**做法**

① 红薯洗净，去皮，切块，上锅蒸熟后碾成泥。

② 面粉放入大碗中，倒入凉白开搅拌成面糊，放入红薯泥继续搅拌均匀成红薯面糊。

③ 平底锅中倒入少许植物油，在平底锅上放模具，油热后在模具内倒入一勺红薯面糊，摊平摊薄，待红薯面糊凝固后翻面，煎至两面全熟即可。

> 红薯可以为孩子提供丰富的碳水化合物，还帮助孩子补充钾、胡萝卜素等营养素。同时，红薯富含膳食纤维，可预防便秘。

## 碳水化合物

### 为长高益智奠基

碳水化合物也叫糖类，能为儿童发育提供大部分热量，也是最重要、最经济的热量来源。碳水化合物供应充足有助于维护大脑功能和记忆力。

**每日推荐摄入量**

| 年龄 | 推荐量 |
| --- | --- |
| 0~6个月 | 60克 |
| 6个月~1岁 | 85克 |
| 1~11岁 | 120克 |
| 11~18岁 | 150克 |

**重点推荐食材**

面粉、大米、小米、黑米、燕麦、藜麦、玉米、红薯。

扫一扫 轻松学

# 黑米藜麦饭

**材料** 黑米、藜麦各 20 克，大米 70 克。

**做法**

❶ 黑米、藜麦、大米分别洗净，黑米、藜麦浸泡 4 小时。

❷ 将黑米、藜麦、大米放入电饭锅内，加入适量水，按下"煮饭"键，煮熟即可。

快乐成长
好营养

黑米富含花青素，藜麦富含膳食纤维和 B 族维生素，有助于护眼、防便秘，助力成长。

# 鲜肉包

**材料** 面粉、五花肉馅各 200 克，酵母粉 3 克。

**调料** 葱末 20 克，盐 2 克，白糖 5 克，花椒少许，酱油、料酒各 10 克，香油、姜末各适量。

**做法**

❶ 酵母粉用温水化开，倒入面粉中拌匀，再分次加入温水揉成光滑面团，盖湿布醒发至原体积 2 倍大，揉至内部无气体；花椒用沸水浸泡 10 分钟，凉凉。

❷ 肉馅中加盐、白糖、料酒、酱油、花椒水、葱末、姜末、香油，拌匀成馅料。

❸ 将面团搓成长条，分成小剂子，按扁，擀成包子皮，包入馅料，捏成包子生坯，醒发 15 分钟。

❹ 包子生坯入锅中，大火烧开后转小火蒸10 分钟，关火，3 分钟后取出即可。

PART

2

# 孩子长高聪明的秘密，
# 就在这些黄金食材中

# 牛肉

## 补优质蛋白质和锌

### 长高益智营养素

蛋白质、铁、锌、B 族维生素

### 适合搭配

大米、洋葱、白萝卜、芹菜、土豆、彩椒

| 热量 | 160 千卡 |
| --- | --- |
| 蛋白质 | 20.0 克 |
| 糖类 | 0.5 克 |
| 脂肪 | 8.7 克 |

注：1. 糖类即碳水化合物。
2. 食材热量和三大营养素含量参考《中国食物成分表：标准版·第一册》和《中国食物成分表：标准版·第二册》。

## 咖喱土豆牛肉 2.5 岁+

**材料** 牛肉 300 克，土豆、胡萝卜、牛奶各 100 克，洋葱 50 克。

**调料** 黄油 5 克，咖喱膏 10 克，蒜末、姜末、盐各适量。

**做法**

1. 牛肉洗净，切块；土豆、胡萝卜去皮，洗净，切块；洋葱洗净，切块。

2. 锅置火上，放入黄油烧化，炒香蒜末、姜末，加入牛肉块、洋葱块略炒。

3. 加入胡萝卜块、土豆块、咖喱膏、牛奶，倒入适量水没过食材，大火煮开后改小火收汁，加盐调味即可。

快乐成长 好营养

牛肉可以提供优质蛋白质、锌和维生素 $B_6$，搭配富含钾的土豆和洋葱、富含胡萝卜素的胡萝卜，营养丰富，有助于调节免疫力。

扫一扫 轻松学

2岁+

# 芹菜炒牛肉

**材料** 牛肉、芹菜各 150 克。

**调料** 料酒、生抽、葱末、姜末各 5 克，
盐 1 克。

**做法**

❶ 牛肉洗净，切小片，用料酒、生抽、少
许油腌渍 15 分钟；芹菜洗净，切小段。

❷ 锅内倒油烧热，炒香葱末、姜末，下
牛肉片翻炒，加芹菜段翻炒片刻，加
盐调味即可。

快乐成长
好营养

牛肉富含锌，对儿童长高有促进作用；
芹菜含有维生素 C 和膳食纤维。二者
搭配食用，还有助于预防便秘。

2岁+

# 蒜香牛肉粒

**材料** 牛肉 150 克，红彩椒、黄彩椒、
蒜片各 50 克。

**调料** 黑胡椒粉少许，盐 2 克。

**做法**

❶ 牛肉洗净，切丁，加黑胡椒粉、油腌
渍半小时；红彩椒、黄彩椒洗净，去
蒂及子，切丁。

❷ 锅内倒油烧热，将牛肉丁煎至七成熟，
倒入蒜片、红彩椒丁、黄彩椒丁翻炒均
匀，加盐调味即可。

快乐成长
好营养

这道菜含硒、镁、锌、蛋白质、维生
素 C 等，可促进骨骼生长。

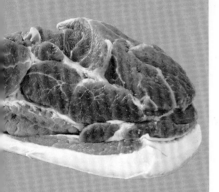

## 猪肉

补蛋白质和铁

**长高益智营养素**

蛋白质、铁、锌、B族维生素

**适合搭配**

白菜、圆白菜、黄花菜、莲藕、木耳、南瓜、胡萝卜

| 热量 | 331 千卡 |
| --- | --- |
| 蛋白质 | 15.1 克 |
| 糖类 | 0 克 |
| 脂肪 | 30.1 克 |

# 肉末圆白菜 2岁+

**材料** 猪瘦肉 50 克，圆白菜 150 克。

**调料** 葱花、姜末、生抽各适量，盐少许。

**做法**

① 猪瘦肉洗净，切碎，加生抽腌 15 分钟；圆白菜洗净，撕小片。

② 锅内倒油烧热，放入葱花、姜末炒出香味，下猪肉碎炒至变色，放入圆白菜片炒软，加盐调味即可。

快乐成长 好营养

> 这道菜富含蛋白质、铁、锌、维生素 C 等营养，能帮助孩子平衡免疫力，长高益智。

扫一扫 轻松学

# 猪肉白菜炖粉条

**材料** 猪肉 100 克，粉条 50 克，大白菜 200 克。

**调料** 葱花、姜末、蒜末各 10 克，生抽 5 克，盐 2 克。

**做法**

① 猪肉洗净，切小块；大白菜洗净，切条；粉条冲洗，泡软。

② 锅内倒油烧热，炒香姜末、蒜末，放入猪肉块煸炒，再放入大白菜条炒软，加生抽、适量清水烧开，放入粉条煮熟，加盐调味，撒葱花即可。

**快乐成长 好营养**

猪肉可以提供丰富的铁，搭配富含维生素 C 和膳食纤维的大白菜，有助于铁吸收和胃肠道蠕动，补血又促便。

# 猪肉丸子

**材料** 猪肉 300 克。

**调料** 姜末、葱末各 10 克，蚝油 5 克，十三香 2 克。

**做法**

① 猪肉洗净，剁成末，加葱末、姜末、蚝油、十三香搅拌均匀，用手把肉馅团成肉丸。

② 锅置火上，倒入适量清水烧开，放入肉丸煮熟即可。

**快乐成长 好营养**

猪肉剁成末，有利于消化吸收，加入葱、姜等，能促进食欲、暖胃驱寒、助力成长。

猪肝

补铁补血，
促进骨骼生长

# 盐水猪肝 1岁+

**材料** 猪肝 300 克。

**调料** 盐 3 克，姜片、花椒、大料、香油、香菜段各适量。

**做法**

① 猪肝洗净，冲去血水。

② 锅中放入适量清水煮沸，放猪肝焯烫，捞出，冲净。

③ 锅中再加清水和盐，放入姜片、花椒、大料煮沸，放入焯烫过的猪肝煮熟。

④ 将猪肝切片，放凉装盘，淋上香油，撒上香菜段即可。

快乐成长
好营养

猪肝能够提供丰富的铁、锌、蛋白质，有助于预防缺铁性贫血，避免因营养不良导致的发育迟缓。需要注意的是，猪肝中的胆固醇含量较高，因此要注意摄入量，一次不要吃太多。

**长高益智营养素**

蛋白质、铁、锌、维生素A、维生素D

**适合搭配**

菠菜、洋葱、白菜、胡萝卜、苋菜

| 热量 | 126 千卡 |
|---|---|
| 蛋白质 | 19.2 克 |
| 糖类 | 1.8 克 |
| 脂肪 | 4.7 克 |

## 猪肝菠菜汤

**材料** 猪肝 40 克，菠菜 100 克，枸杞子 5 克。

**调料** 盐、葱花、姜片各适量。

**做法**

1. 猪肝洗净，切片，加姜片、油、盐腌渍 20 分钟；菠菜洗净切段，焯烫后捞出。

2. 锅内倒油烧热，炒香葱花，放入猪肝片炒至变色，加入适量开水，放入枸杞子。

3. 待水开后，加入菠菜段煮软即可。

快乐成长 好营养

富含铁和维生素 A 的猪肝搭配富含维生素 C、叶酸的菠菜，能补血补铁，促进生长。

## 猪肝胡萝卜粥

**材料** 大米 30 克，猪肝、胡萝卜各 50 克。

**调料** 盐少许，香油适量。

**做法**

1. 大米淘洗干净；猪肝去净筋膜，洗净，切片；胡萝卜洗净，切丁。

2. 锅置火上，放入大米和适量清水煮至米粒熟软，加入猪肝片和胡萝卜丁煮熟，加盐调味，淋上香油即可。

快乐成长 好营养

胡萝卜含胡萝卜素，在体内可转化为维生素 A，搭配富含维生素 A、铁的猪肝，能预防因维生素 A 缺乏而导致的骨骼生长迟缓，还能补铁补血、维护视力健康。

## 鸡肉

健脾胃，强筋骨

**长高益智营养素**
蛋白质、磷脂、锌、硒、烟酸

**适合搭配**
板栗、枸杞子、香菇、木耳、柿子椒、胡萝卜

| | | |
|---|---|---|
| 热量 | —— | 145 千卡 |
| 蛋白质 | —— | 20.3 克 |
| 糖类 | —— | 0.9 克 |
| 脂肪 | —— | 6.7 克 |

## 黄焖鸡 3岁+

**材料** 鸡腿肉 200 克，鲜香菇 100 克，柿子椒、洋葱各 50 克。

**调料** 料酒、姜片、生抽、老抽、冰糖各 5 克，盐 1 克。

**做法**

1 鸡腿肉洗净，切块；鲜香菇洗净，切块；柿子椒洗净，去蒂及子，切块；洋葱洗净，切丝。

2 锅内倒油烧热，放入冰糖炒至焦糖色。

3 加入鸡腿肉翻炒至上色，加料酒、姜片、生抽、老抽，加香菇块、洋葱丝炒匀。

4 加适量清水没过食材，大火烧开，转小火焖 20 分钟，放入柿子椒块略炒，加盐调味即可。

扫一扫 轻松学

## 板栗烧鸡

**材料**　鸡腿肉、板栗各 100 克。

**调料**　盐 2 克，姜末、蒜末、酱油各适量。

**做法**

❶ 鸡腿肉洗净，切小丁；板栗煮熟，取肉对半切开。

❷ 锅内倒油烧热，爆香姜末、蒜末，放入鸡丁快速翻炒，待鸡丁变色后加入板栗快速翻炒，放入酱油，继续翻炒至所有食材熟透，出锅前加盐即可。

## 日式照烧鸡腿

**材料**　鸡腿 300 克，熟黑芝麻 5 克。

**调料**　五香粉 1 克，料酒 6 克，生抽 8 克，盐 2 克，蜂蜜少许。

**做法**

❶ 鸡腿洗净，划几刀，加入五香粉、盐腌渍 30 分钟；将料酒、生抽、蜂蜜、水混合均匀，即为照烧汁。

❷ 锅内倒油烧热，放入鸡腿煎至两面金黄，加入照烧汁炖 10 分钟，大火收汁，撒熟黑芝麻即可。

这道菜富含蛋白质、磷脂、B 族维生素等营养，能促进大脑发育，缓解疲劳。

鸡肉含有烟酸，可以参与脂类、糖类和蛋白质的代谢，对安抚情绪、提高大脑注意力有一定作用。

# 黄花鱼

## 长高益智营养素

蛋白质、锌、钙、铜、
烟酸、DHA

## 适合搭配

豆腐、菌菇、蒜薹、
番茄、荠菜

| 热量 | 97 千卡 |
|---|---|
| 蛋白质 | 17.7 克 |
| 糖类 | 0.8 克 |
| 脂肪 | 2.5 克 |

# 黄花鱼豆腐煲 2岁+

**材料** 黄花鱼 300 克，豆腐 150 克，红彩椒 50 克。

**调料** 葱段、葱花、姜片、蒜末各 5 克，蒸鱼豉油、香菜段各适量。

## 做法

❶ 黄花鱼处理干净，切段，用料酒腌渍 20 分钟；豆腐洗净，切块；红彩椒洗净，去蒂及子，切丝。

❷ 锅内倒油烧热，放入黄花鱼煎至两面金黄，盛出。

❸ 砂锅内倒油烧热，放入葱段、姜片、蒜末爆香，将豆腐块平铺在锅内，上面摆好黄花鱼，加适量水。

❹ 盖上盖，小火焖 5 分钟，加入香菜段、葱花、红彩椒丝略煮，淋蒸鱼豉油即可。

## 红烧黄花鱼

**材料** 黄花鱼 250 克。

**调料** 姜片、姜丝、葱丝、蒜片各 10 克，盐 1 克，生抽、老抽、白糖各 5 克，料酒、醋、香菜段各适量。

**做法**

❶ 黄花鱼处理干净，在鱼身两面各划几刀，用姜片、料酒腌渍 20 分钟。

❷ 将料酒、老抽、生抽、醋、白糖调成味汁。

❸ 锅内倒油烧热，放入葱丝、姜丝、蒜片炒香，再放入黄花鱼煎至两面金黄。

❹ 倒入调好的味汁，加入适量清水没过食材，大火烧开，转中火焖 15 分钟，放入香菜段即可。

## 香菇黄花鱼汤

**材料** 黄花鱼 250 克，鲜香菇 50 克。

**调料** 姜片、料酒各 10 克，葱花、盐、胡椒粉各适量。

**做法**

❶ 黄花鱼处理干净，在鱼身两面各划几刀，加料酒、姜片腌渍 20 分钟；香菇洗净，切片。

❷ 锅内倒油烧热，放入黄花鱼煎至两面金黄，倒入开水没过鱼身，大火烧开，转小火慢炖 10 分钟。

❸ 下入香菇片炖熟，撒入盐、胡椒粉、葱花调味即可。

黄花鱼搭配香菇熬汤，能为儿童提供 DHA、磷、镁、钾等营养，促进骨骼生长。

## 鲈鱼

补蛋白质和 DHA

**长高益智营养素**
蛋白质、DHA、钙、磷、锌、铜

**适合搭配**
南瓜、番茄、胡萝卜、莴笋、黄瓜

| | |
|---|---|
| 热量 | 105 千卡 |
| 蛋白质 | 18.6 克 |
| 糖类 | 0 克 |
| 脂肪 | 3.4 克 |

# 番茄鲈鱼 1岁+

**材料** 鲈鱼 150 克，番茄 100 克。

**调料** 葱段、姜片、蒜片、料酒各适量，番茄酱 10 克，盐 2 克。

**做法**

1. 鲈鱼处理干净，取鱼肉，切成薄片，加入料酒、盐、姜片腌渍 10 分钟；番茄洗净，去皮，切小丁。

2. 锅内倒油烧热，爆香蒜片，下入番茄丁，大火翻炒至番茄丁出浓汁，下入番茄酱，加入适量开水。

3. 大火煮开后，快速下入鱼片煮熟，加盐调味，撒葱段即可。

快乐成长
好营养

鲈鱼营养丰富，且肉质细嫩、刺少。搭配富含胡萝卜素的番茄，能促进营养吸收，助力长高益智。

扫一扫 轻松学

 1岁+

# 清蒸鲈鱼

**材料** 鲈鱼1条，柿子椒、红彩椒各20克。

**调料** 葱丝、姜丝各10克，蒸鱼豉油8克，料酒少许。

**做法**

❶ 鲈鱼处理干净，在鱼身两面各划几刀，用料酒涂抹鱼身，划刀处夹上姜丝，鱼肚子里塞上姜丝，腌渍20分钟。

❷ 盘子里放入鱼，鱼身上铺剩余葱丝、姜丝，蒸15分钟。

❸ 倒去盘子内蒸鱼汤汁，倒入蒸鱼豉油，摆上柿子椒丝、红彩椒丝。

❹ 炒锅烧油，烧热后淋在鱼上即可。

 1岁+

# 南瓜鲈鱼羹

**材料** 鲈鱼250克，南瓜100克。

**调料** 料酒5克，盐1克，生抽适量。

**做法**

❶ 鲈鱼处理干净，去骨取肉，切丁，加料酒腌渍10分钟；南瓜去皮及瓤，洗净，切丁。

❷ 锅内倒油烧热，放入鱼丁煸炒，放入南瓜丁，加生抽、适量水大火烧开，转中火煮15分钟至成黏稠状，加盐调味即可。

快乐成长
好营养

鲈鱼富含蛋白质、硒等营养，搭配富含钾和胡萝卜素的南瓜，对促进大脑发育、维护视力等有益。

# 三文鱼

## 三文鱼肉松 8月+

**材料** 三文鱼 200 克，柠檬 30 克。

**做法**

1. 三文鱼洗净，切薄片，装盘；柠檬洗净，挤出柠檬汁淋在三文鱼片上，腌渍 15 分钟。

2. 平底锅倒油烧热，放三文鱼片煎至两面金黄，盛出，凉凉后装入食品袋中，用擀面杖碾碎。

3. 把碾碎的三文鱼放入锅中炒干，放入料理机中打碎，凉凉后装罐密封，随取随吃即可。

快乐成长
好营养

三文鱼富含 DHA 和优质蛋白质，有健脑功效。其肉软无刺，适合小孩子食用。

**长高益智营养素**

蛋白质、DHA、钙、锌

**适合搭配**

西蓝花、洋葱、土豆、芦笋、柠檬、香菇

| | |
|---|---|
| 热量 | 139 千卡 |
| 蛋白质 | 17.2 克 |
| 糖类 | 0 克 |
| 脂肪 | 7.8 克 |

扫一扫 轻松学

**2岁⁺**

# 照烧三文鱼

**材料** 三文鱼 100 克，鲜香菇、圣女果、苦菊各 20 克。

**调料** 生抽 10 克，料酒 5 克，白糖、水淀粉各 5 克，盐 2 克。

**做法**

❶ 三文鱼洗净，加料酒、生抽腌渍 10 分钟；香菇洗净，切片，焯熟；圣女果洗净，切开；苦菊洗净。

❷ 平底锅置火上，刷油烧热，放入三文鱼煎至两面金黄，盛出。

❸ 锅内倒油烧热，放入白糖炒化，放香菇片，加盐，用水淀粉勾薄芡，制成照烧汁，浇到三文鱼上，搭配圣女果、苦菊即可。

**1岁⁺**

# 三文鱼西蓝花炒饭

**材料** 三文鱼 100 克，西蓝花 50 克，米饭 80 克。

**调料** 盐 1 克。

**做法**

❶ 西蓝花切小朵，洗净，焯水，捞出控干，切碎；三文鱼洗净。

❷ 锅内倒油烧热，放入三文鱼煎熟，加盐入味，盛出，碾碎。

❸ 起锅热油，放入西蓝花和三文鱼翻炒，倒入米饭炒散，加盐调味即可。

快乐成长 好营养

三文鱼和西蓝花搭配食用，能帮助提高抗病能力，还有利于大脑发育。

# 西蓝花山药炒虾仁 1.5岁+

**材料** 虾仁、西蓝花、山药各100克。

**调料** 蒜末20克，蚝油5克。

**做法**

1. 虾仁洗净，去虾线；西蓝花切小朵，洗净，焯水；山药洗净，去皮，切菱形片。

2. 锅内倒油烧热，爆香蒜末，放入虾仁翻炒至变色，放入山药片翻炒2分钟，加入西蓝花、蚝油翻炒调味即可。

**快乐成长 好营养**

虾仁含有优质蛋白质，可以促进脑神经发育。搭配西蓝花、山药，有补钙、开胃的作用。

**长高益智营养素**

蛋白质、DHA、钙、锌、硒

**适合搭配**

豆腐、白菜、西蓝花、油菜、胡萝卜、木耳

| | |
|---|---|
| 热量 | 79千卡 |
| 蛋白质 | 16.8克 |
| 糖类 | 1.5克 |
| 脂肪 | 0.6克 |

扫一扫 轻松学

##  三彩虾球

**材料** 虾仁 150 克，水发木耳、圣女果、西蓝花各 50 克，面粉适量。

**做法**

1. 虾仁洗净，打成泥；水发木耳洗净，切碎；圣女果洗净，切小块，打成泥；西蓝花切小朵，洗净，打成泥。
2. 将虾肉泥分成三份，分别与木耳碎、圣女果泥、西蓝花泥加适量面粉搅拌上劲，挤成球状。
3. 锅内倒入清水烧开，放入虾球大火煮开，转小火保持微沸，煮至虾球变白浮起即可。

## 10 月⁺ 鲜虾小馄饨

**材料** 鲜虾 100 克，胡萝卜 50 克，馄饨皮适量。

**调料** 香油适量。

**做法**

1. 鲜虾洗净，去虾壳及虾线，切碎；胡萝卜洗净，去皮，切碎。
2. 将切碎的鲜虾和胡萝卜碎放入碗中，加少许香油搅拌均匀，包入馄饨皮中。
3. 锅中加水煮沸后下入小馄饨，煮至浮起熟透即可。

**快乐成长 好营养**

鲜虾小馄饨富含蛋白质、钙、硒、胡萝卜素，能为儿童骨骼发育提供材料，助力骨骼生长，并促进大脑细胞健康发育、保护视力。

# 牡蛎

## 清蒸牡蛎 2岁+

**材料** 牡蛎300克。

**调料** 料酒3克，姜片5克。

**做法**

① 牡蛎用刷子刷洗干净，加料酒、姜片腌渍10分钟。

② 将牡蛎摆放在蒸屉上，盖盖，大火烧开后继续蒸3分钟即可。

快乐成长
好营养

牡蛎富含锌，锌是大脑必需营养素，如果在日常饮食中缺锌，会影响大脑功能。因此，补锌利于孩子大脑发育。牡蛎一定要蒸熟，可以切碎吃。

**长高益智营养素**

蛋白质、DHA、硒、锌、钙

**适合搭配**

豆腐、冬瓜、鸡蛋、胡萝卜

| 热量 | 73千卡 |
| --- | --- |
| 蛋白质 | 5.3克 |
| 糖类 | 8.2克 |
| 脂肪 | 2.1克 |

# 牡蛎蒸蛋

**材料** 净牡蛎肉 50 克，鸡蛋 1 个。

**调料** 胡椒粉适量，盐 1 克。

**做法**

❶ 牡蛎肉洗净，沥水；鸡蛋打散备用。

❷ 鸡蛋液中加盐、胡椒粉、适量水、牡蛎肉搅拌均匀，覆上保鲜膜，开水上锅，中小火蒸 10 分钟即可。

牡蛎富含锌、硒，而且味道鲜美，搭配富含蛋白质、卵磷脂的鸡蛋，能促进孩子大脑发育。

# 海鲜粥

**材料** 牡蛎肉、虾仁各 50 克，胡萝卜、豌豆、鲜香菇各 20 克，大米 30 克。

**调料** 葱花 2 克，葱段 5 克，盐 1 克。

**做法**

❶ 虾仁洗净，去虾线；牡蛎肉洗净，切小块；胡萝卜洗净，切丁；香菇洗净，去蒂，切丁；豌豆洗净。

❷ 锅内倒油烧热，爆香葱段，加适量清水和大米，大火煮熟，加入胡萝卜丁、豌豆、香菇丁、牡蛎块、虾仁。

❸ 继续焖煮 10 分钟，起锅前加入适量盐、胡椒粉、葱花即可。

# 鸡蛋

**长高益智营养素**

蛋白质、锌、卵磷脂、
B族维生素

**适合搭配**

猪肉、番茄、木耳、
黄瓜、菠菜、洋葱、
香菇

| 热量 | 139千卡 |
|---|---|
| 蛋白质 | 13.1克 |
| 糖类 | 2.4克 |
| 脂肪 | 8.6克 |

## 木樨肉 2岁+

**材料** 鸡蛋1个，猪里脊50克，水发木耳、黄瓜、胡
萝卜各30克。

**调料** 盐1克，葱末、姜末、蒜末各适量。

**做法**

1. 鸡蛋打散成蛋液，炒成鸡蛋块；猪里脊洗净，切片；
水发木耳洗净，撕小朵；黄瓜、胡萝卜洗净，切片。

2. 锅内倒油烧热，炒香葱末、姜末、蒜末，放入肉片炒
散，再倒入木耳、黄瓜片、胡萝卜片翻炒，倒入鸡蛋
块翻炒，加盐调味即可。

快乐成长
好营养

这道菜食材丰富，可补充蛋白质、DHA、卵磷脂、
钙、铁、胡萝卜素等，助力孩子身体发育。

 **1.5 岁⁺**

# 洋葱炒鸡蛋

**材料** 鸡蛋1个，洋葱200克。

**调料** 盐2克，姜片适量。

**做法**

❶ 鸡蛋打散，炒熟后盛出；洋葱洗净，切片。

❷ 锅内倒油烧热，加姜片爆香，倒入洋葱片翻炒，倒入鸡蛋略炒，加盐调味即可。

**2 岁⁺**

# 蒜薹木耳炒鸡蛋

**材料** 鸡蛋1个，水发木耳、蒜薹各50克。

**调料** 生抽4克，盐1克，葱末、姜末、蒜末各适量。

**做法**

❶ 水发木耳洗净，撕小朵，焯水；蒜薹洗净，切段；鸡蛋打散，炒熟后盛出。

❷ 锅内倒油烧热，炒香葱末、姜末、蒜末，放入木耳、蒜薹段煸炒，淋少许生抽，倒入鸡蛋，加盐调味即可。

快乐成长
好营养

这道菜含有优质蛋白质、卵磷脂、钙、钾等营养，有助于提高记忆力，还能为骨骼生长提供原料。

快乐成长
好营养

这道菜含有膳食纤维、蛋白质、B族维生素等营养，有助于促进新陈代谢和营养吸收。

# 牛奶

良好的钙质来源

**长高益智营养素**

钙、蛋白质、镁、B族维生素

**适合搭配**

木瓜、芒果、大米、玉米、红豆

| | |
|---|---|
| 热量 | 65 千卡 |
| 蛋白质 | 3.3 克 |
| 糖类 | 4.9 克 |
| 脂肪 | 3.6 克 |

# 牛奶玉米汁 1岁+

**材料**　玉米 100 克，牛奶 200 克。

**做法**

1. 将玉米洗净，剥粒。
2. 将玉米粒倒入豆浆机中，加牛奶至上下水位线之间，煮至豆浆机提示做好即可。

这款饮品含有钙、蛋白质、锌、膳食纤维等营养，能强健骨骼、促进大脑细胞代谢。

 **1岁+**

# 红豆双皮奶

**材料** 牛奶200克，熟红豆20克，鸡蛋清60克。

**调料** 白糖适量。

**做法**

❶ 鸡蛋清中加入白糖搅拌均匀。

❷ 牛奶用中火稍煮，倒入碗中，放凉后表面会结一层奶皮，拨开奶皮一角，将牛奶倒进蛋清中，碗底留下奶皮。

❸ 把蛋清牛奶混合物沿碗边缓缓倒进留有奶皮的碗中，奶皮会自动浮起来。蒙上保鲜膜，隔水蒸15分钟，关火闷5分钟，冷却后加熟红豆即可。

 快乐成长 好营养

这款甜品含有蛋白质、钙、膳食纤维、B族维生素，可以促进骨骼生长。

**1.5岁+**

# 芝士芒果奶盖

**材料** 芒果150克，淡奶油50克，牛奶、奶酪（芝士）各20克。

**调料** 盐少许。

**做法**

❶ 芒果洗净，去皮、核，留下果肉。

❷ 将淡奶油、牛奶、奶酪、盐放入盆中，打发成细腻奶泡状，即为奶盖。

❸ 将芒果果肉放入榨汁机中，加入适量饮用水搅打均匀，倒入杯中，加入奶盖即可。

快乐成长 好营养

这款奶盖含有钙、维生素D、胡萝卜素等营养，能促进骨骼生长。

强健骨骼

豆腐

长高益智营养素
蛋白质、钙

适合搭配
海带、白萝卜、牡蛎、
鱼、白菜

| 热量 —— | 84 千卡 |
| --- | --- |
| 蛋白质 —— | 6.6 克 |
| 糖类 —— | 3.4 克 |
| 脂肪 —— | 5.3 克 |

# 牡蛎豆腐汤 1岁⁺

**材料** 牡蛎肉 50 克，豆腐 200 克。

**调料** 胡椒粉、葱花各适量，盐 2 克。

**做法**

1. 牡蛎肉洗净，沥干水分；豆腐洗净，切块备用。
2. 锅中水烧开，放入牡蛎肉焯烫，捞出备用。
3. 再烧开一锅水，倒入豆腐块、盐、胡椒粉，加入牡蛎肉，煮至牡蛎肉熟，撒入葱花即可。

快乐成长
好营养

牡蛎豆腐汤可以补充优质蛋白质、钙和锌，有益智健脑、清热解毒、滋润肌肤的功效。

**1**岁<sup>+</sup>

# 白菜炖豆腐

**材料** 大白菜、豆腐各 200 克。

**调料** 葱段、姜片各 5 克，十三香 2 克，
酱油适量。

**做法**

① 大白菜洗净，切小片；豆腐洗净，切块。

② 锅内倒油烧热，放入葱段、姜片炒香，
加入大白菜片、酱油翻炒，倒入适量清
水没过大白菜，加入豆腐块。

③ 大火烧开后转中火炖 10 分钟，加十三
香调味即可。

快乐成长
好营养

这道菜含有蛋白质、钙、维生素 C、
膳食纤维等营养，有助于促进钙吸收、
助长高。

**2**岁<sup>+</sup>

# 罗非鱼豆腐玉米煲

**材料** 罗非鱼 100 克，豆腐 200 克，玉
米段 80 克。

**调料** 姜片、葱花各适量，盐 2 克。

**做法**

① 玉米段洗净；豆腐洗净，切块。

② 罗非鱼处理干净，切块，擦干，煎至两面
微黄，盛出备用。

③ 砂锅置火上，放入玉米段、鱼块、姜
片，加水没过鱼块，大火烧开后放入豆
腐块，转小火炖至汤汁呈奶白色，加
盐、葱花调味即可。

快乐成长
好营养

这道菜富含优质蛋白质、钙、玉米黄
素等营养，有助于促进儿童生长发育
和保护视力。

## 胡萝卜

蔬菜中的小人参

**长高益智营养素**
胡萝卜素、膳食纤维

**适合搭配**
畜肉、虾、鸡蛋、菠菜、
南瓜、海带

| | |
|---|---|
| 热量 | 46 千卡 |
| 蛋白质 | 1.4 克 |
| 糖类 | 10.2 克 |
| 脂肪 | 0.2 克 |

## 胡萝卜炒肉丝 `1岁+`

**材料** 胡萝卜 200 克，猪瘦肉 80 克。

**调料** 生抽、料酒各 5 克，葱丝、姜丝各 4 克，盐 1 克。

**做法**

1. 胡萝卜洗净，切丝；猪瘦肉洗净，切丝，用料酒、生抽腌渍 5 分钟。

2. 锅内倒油烧至七成热，用葱丝、姜丝炝锅，下入肉丝翻炒至变色，盛出。

3. 锅底留油烧热，放入胡萝卜丝煸炒，加盐和适量水，稍焖，待胡萝卜丝熟时，加肉丝翻炒均匀即可。

> 快乐成长
> 好营养
>
> 胡萝卜含有丰富的胡萝卜素，它是脂溶性维生素，与含脂肪的食物搭配才更易于身体吸收。

1岁<sup>+</sup>

# 胡萝卜炒海带

**材料** 胡萝卜、水发海带各100克，熟黑芝麻5克。

**调料** 酱油3克，蒜末适量，醋2克，盐1克。

**做法**

① 胡萝卜洗净，切丝；水发海带洗净，切丝。

② 锅内倒油烧热，放蒜末爆香，加胡萝卜丝炒至金黄色，放海带丝，淋入醋翻炒至软，调入盐和酱油，撒上熟黑芝麻即可。

> 快乐成长
> 好营养

> 胡萝卜含有丰富的胡萝卜素，可以在体内转变为维生素A。胡萝卜素是脂溶性的物质，烹调油可以促进其吸收和利用。

1.5岁<sup>+</sup>

# 胡萝卜牛肉馅饼

**材料** 面粉、胡萝卜各150克，牛瘦肉50克，洋葱30克。

**调料** 盐2克，葱花10克，生抽、十三香、香油各适量。

**做法**

① 牛瘦肉洗净，切丁；胡萝卜、洋葱洗净，切末。

② 将牛肉丁、胡萝卜末放碗中，加盐、生抽、十三香、香油、葱花和适量清水搅拌均匀，即为馅料。

③ 面粉加盐、适量温水和成面团，分成剂子，擀薄，包入馅料，压平，即为馅饼生坯。

④ 电饼铛底部刷一层油，放入馅饼生坯，盖上盖，煎至两面金黄即可。

# 西蓝花

## 健脾胃，促消化

**长高益智营养素**

维生素 C、胡萝卜素、钾、硒

**适合搭配**

菜花、香菇、猪肉、虾、鸡蛋

| | |
|---|---|
| 热量 | 27 千卡 |
| 蛋白质 | 3.5 克 |
| 糖类 | 3.7 克 |
| 脂肪 | 0.6 克 |

# 清炒双花 1岁⁺

**材料** 西蓝花、菜花各 50 克。

**调料** 蒜片 5 克，盐少许。

**做法**

❶ 西蓝花和菜花掰成小朵，洗净，放入沸水中焯烫，捞出过凉。

❷ 锅内倒油烧热，加蒜片爆香，放入西蓝花和菜花翻炒至熟，加盐调味即可。

**快乐成长 好营养**

这道菜富含维生素 C、钾、膳食纤维、胡萝卜素等，有助于调节免疫力，助力长高。

 **1岁+**

# 香菇西蓝花

**材料** 西蓝花100克，香菇、胡萝卜各
50克。

**调料** 蒜末5克，盐1克。

**做法**

❶ 西蓝花洗净，掰成小朵；胡萝卜洗净，
切菱形片；鲜香菇洗净，切片；将西蓝
花、胡萝卜片、香菇片焯水后捞出。

❷ 锅内倒油烧热，放入蒜末爆香，放入所
有材料翻炒至熟，加盐调味即可。

这道菜富含维生素C、胡萝卜素、叶
酸、钾等营养，能促进身体消化吸收，
对长高益智有益。

**1岁+**

# 西蓝花鸡蛋饼

**材料** 鸡蛋2个，西蓝花100克，面粉
50克，酵母少许。

**调料** 盐、胡椒粉各适量

**做法**

❶ 西蓝花洗净，焯水，切碎；鸡蛋打散备
用；酵母用温水化开。

❷ 面粉中倒入鸡蛋液，加入西蓝花碎、酵
母水，顺时针搅匀成面糊，加入少量盐
和胡椒粉搅匀。

❸ 平底锅加热刷油，倒入面糊铺平，大概
2分钟凝固后翻面，待饼膨起即可。

这款饼含有蛋白质、维生素C、维生
素K、膳食纤维等，能帮助增强体质，
助力长高。

# 番茄巴沙鱼 10月⁺

**材料** 巴沙鱼 70 克，番茄 30 克。

**调料** 葱段、姜丝各适量。

**做法**

① 将巴沙鱼解冻后，用厨房纸巾擦去水分，切小块，加姜丝、葱段腌渍 10 分钟，取出姜丝和葱段。

② 番茄顶上划"十"字，放在沸水中烫一下，去皮，切小块。

③ 锅内倒油烧热，放入番茄块翻炒出汁，加适量水煮沸，倒入巴沙鱼块，煮 5 分钟，大火收汁即可。

快乐成长
好营养

巴沙鱼含一定量的 DHA 和 EPA，还含有丰富的卵磷脂，有助于提高记忆力。

**长高益智营养素**

维生素 C、胡萝卜素、番茄红素、钾

**适合搭配**

牛肉、鸡肉、鱼、虾仁、茄子、菜花、黄豆、鸡蛋

| 热量 | 15 千卡 |
|---|---|
| 蛋白质 | 0.9 克 |
| 糖类 | 3.3 克 |
| 脂肪 | 0.2 克 |

 **1岁+**

# 番茄烩茄丁

**材料** 茄子、番茄各 100 克。

**调料** 盐 1 克。

**做法**

① 茄子洗净，去皮，切丁；番茄洗净，去皮，切丁。

② 锅内倒油烧热，放入茄丁和番茄丁炒熟，加盐调味即可。

 快乐成长 好营养

番茄中含有番茄红素，具有较好的抗氧化功能。搭配茄子食用，能提供膳食纤维、B 族维生素。

**2岁+**

# 茄汁黄豆

**材料** 番茄 100 克，黄豆 40 克。

**调料** 番茄酱 5 克。

**做法**

① 黄豆洗净，浸泡 4 小时，煮熟，捞出。

② 番茄洗净，去皮，切块，放入料理机中，加适量饮用水打成泥。

③ 锅内倒油烧热，放入煮熟的黄豆、番茄泥翻炒，再加入番茄酱、适量清水，小火慢煮至黏稠即可。

快乐成长 好营养

番茄可以提供维生素 C 和钾，搭配黄豆，可以为人体提供优质蛋白质、钙和卵磷脂，为儿童骨骼生长及大脑发育提供优质原材料。

# 小白菜

**长高益智营养素**

维生素K、维生素C、胡萝卜素、钾、膳食纤维

**适合搭配**

香菇、虾仁、豆腐、猪肉、冬瓜

| 热量 | 14 千卡 |
|---|---|
| 蛋白质 | 1.4 克 |
| 糖类 | 2.4 克 |
| 脂肪 | 0.3 克 |

# 清炒小白菜 2岁+

**材料** 小白菜 150 克。

**调料** 姜末、蒜末、生抽各适量。

**做法**

❶ 小白菜去根部，洗净，切段。

❷ 锅内倒油烧热，炒香姜末、蒜末，放入小白菜段翻炒至熟软，放入生抽炒匀即可。

快乐成长
好营养

小白菜含有维生素K和维生素C，可以促进骨细胞内成骨细胞的活性。此外，小白菜的含钙量在蔬菜中算丰富的，也是孩子日常钙的一个来源。

# 肉末小白菜

**材料** 小白菜100克，猪瘦肉50克。

**调料** 蚝油、白糖、姜片各5克，蒜末10克，盐适量。

**做法**

❶ 小白菜去根部，洗净，切段；猪瘦肉洗净，切末。

❷ 将蚝油、白糖、盐、适量凉白开调成味汁。

❸ 锅内倒油烧热，下入姜片、蒜末炒香，倒入肉末炒散，再倒入小白菜段翻匀，倒入料汁，大火收汁即可。

小白菜富含维生素C、钙等营养，和肉末搭配可以很好地促进儿童的生长发育。

# 冬瓜小白菜豆腐汤

**材料** 小白菜、冬瓜各100克，豆腐80克，虾仁30克。

**调料** 盐1克，姜末、蒜末、生抽各适量。

**做法**

❶ 小白菜洗净，切小段；冬瓜去皮及瓤，洗净，切片；豆腐洗净，切厚片；虾仁洗净。

❷ 锅内倒油烧热，放入姜末、蒜末爆香，放入豆腐片翻炒，放入冬瓜片、生抽翻炒均匀，加适量水大火煮沸。

❸ 待冬瓜片变软，加入小白菜段、虾仁煮熟，加盐调味即可。

这道菜富含维生素C、胡萝卜素、钙、磷等营养，有助于促进钙的吸收，帮助骨骼健康成长。

# 油菜

## 香菇油菜 2岁+

**材料** 水发香菇 50 克，油菜 100 克。

**调料** 盐 1 克，葱花、姜丝各适量。

**做法**

① 水发香菇洗净，切片，焯水沥干；油菜择洗干净，切段。

② 锅中倒油烧热，放入葱花、姜丝煸香，加入油菜段煸炒，放入香菇片继续翻炒，加盐调味即可。

**长高益智营养素**

维生素 C、叶酸、膳食纤维、钙

**适合搭配**

香菇、豆腐、鸡蛋、猪肉、鸡肉、虾仁

| | |
|---|---|
| 热量 | 12 千卡 |
| 蛋白质 | 1.3 克 |
| 糖类 | 1.6 克 |
| 脂肪 | 0.2 克 |

快乐成长
好营养

这道菜富含维生素 C、膳食纤维，还含有一定量的钙和维生素 D，能帮助钙吸收，促进骨骼发育。

鸡蛋含优质蛋白质，可以提高孩子抗病力；鸡蛋黄中含有卵磷脂，可以提高孩子的记忆力。

# 油菜炒鸡蛋 2岁+

**材料** 鸡蛋 1 个，油菜 150 克，熟黑芝麻适量。

**调料** 盐 1 克。

**做法**

① 油菜洗净，切段；鸡蛋打散，炒熟盛出备用。

② 锅内倒油烧热，放入油菜段翻炒至熟软，加入鸡蛋炒匀，撒上熟黑芝麻，加盐调味即可。

## 香菇

健脾胃，
调节免疫力

**长高益智营养素**

香菇多糖、维生素D、
膳食纤维、B族维生素

**适合搭配**

油菜、小米、鸡肉、
春笋、莴笋、胡萝卜、
西蓝花

| 热量 | 26 千卡 |
|------|---------|
| 蛋白质 | 2.2 克 |
| 糖类 | 5.2 克 |
| 脂肪 | 0.3 克 |

注：此数据为鲜香菇营养含量。

# 菌菇三样 2岁+

**材料** 猴头菇、杏鲍菇、鲜香菇各 50 克。

**调料** 蚝油、白糖各 3 克。

**做法**

1. 猴头菇洗净，撕成小块；杏鲍菇洗净，切片；鲜香菇洗净，切块。

2. 锅内倒油烧热，加入白糖炒至焦糖色，放入猴头菇块、杏鲍菇片、香菇块翻炒至熟，加入蚝油翻匀即可。

这道菜富含香菇多糖、膳食纤维，
能健脾养胃，助力长高。

## 1.5 岁+

# 香菇胡萝卜炒鸡蛋

**材料** 鲜香菇、胡萝卜各50克，鸡蛋1个。

**调料** 葱段10克，盐适量。

**做法**

❶ 鲜香菇去蒂，洗净，切片，焯水；胡萝卜洗净，切片；鸡蛋打散，炒熟盛出备用。

❷ 锅内倒油烧热，炒香葱段，放入胡萝卜片翻炒至熟，放入香菇片翻炒2分钟，倒入鸡蛋，加盐调味即可。

*快乐成长 好营养*

这道菜含钾、胡萝卜素、卵磷脂、膳食纤维等，能促进大脑发育，保护视力。

## 2 岁+

# 蚝油香菇笋

**材料** 鲜香菇100克，春笋、西蓝花各50克。

**调料** 蚝油2克。

**做法**

❶ 香菇洗净，对半切开，焯水后沥干；春笋洗净，去皮，切滚刀块；西蓝花洗净，掰成小朵。

❷ 锅内倒水烧开，分别放入春笋块和西蓝花焯烫，捞出沥干备用。

❸ 锅内倒油烧至七成热，放入香菇块、西蓝花和春笋块翻炒，倒蚝油炒匀即可。

*快乐成长 好营养*

这道菜含香菇多糖、维生素C、膳食纤维等营养，能帮助铁吸收、预防便秘、助力成长。

滋阴，促消化

# 木耳

**长高益智营养素**

木耳多糖、膳食纤维

**适合搭配**

柿子椒、莲藕、莴笋、鸡蛋、豆腐、胡萝卜

| | | |
|---|---|---|
| 热量 | —— | 27 千卡 |
| 蛋白质 | —— | 1.5 克 |
| 糖类 | —— | 6.0 克 |
| 脂肪 | —— | 0.2 克 |

注：此数据为水发木耳营养含量。

# 青椒木耳炒鸡蛋

**材料** 鸡蛋1个，柿子椒（青椒）、水发木耳各50克。

**调料** 生抽2克，葱末、姜末、蒜末、盐各适量。

**做法**

1. 鸡蛋打散，加盐搅匀成蛋液，炒熟，盛出；柿子椒洗净，去蒂及子，切丝；水发木耳洗净，撕小朵，焯水。

2. 锅内倒油烧热，放葱末、姜末、蒜末爆香，放入木耳、柿子椒丝翻炒，再加入鸡蛋、生抽炒匀，加盐调味即可。

快乐成长
好营养

这道菜富含优质蛋白质、维生素C、卵磷脂、木耳多糖、膳食纤维等，能为大脑细胞发育提供丰富的养分。

**1**岁<sup>+</sup>

# 腐竹烧木耳

**材料** 水发腐竹、水发木耳各 80 克，胡萝卜 50 克。

**调料** 盐 1 克，葱末、蒜末、生抽各适量。

**做法**

❶ 水发腐竹洗净，切段，焯水；水发木耳洗净，撕小朵，焯水；胡萝卜洗净，切菱形片。

❷ 锅内倒油烧热，爆香葱末、蒜末，放入胡萝卜片炒软，加入腐竹段、木耳炒至熟透，淋上生抽，加盐调味即可。

*快乐成长 好营养*

腐竹和木耳搭配食用，补钙、促消化。

**1.5**岁<sup>+</sup>

# 凉拌木耳藕片

**材料** 水发木耳 100 克，莲藕 50 克，熟花生米 20 克。

**调料** 蒜末、香菜末各 5 克，生抽、醋、盐、香油各适量。

**做法**

❶ 水发木耳洗净，撕小朵，焯水捞出；莲藕去皮，洗净，切片，焯水，用凉水浸泡 10 分钟，控干。

❷ 将木耳、莲藕片、熟花生米放盘中，加入蒜末、生抽、醋、盐拌匀，撒上香菜末，淋上香油即可。

*快乐成长 好营养*

这道菜富含木耳多糖、铁、维生素 C、不饱和脂肪酸等，能营养大脑细胞、凉血养血。

**长高益智营养素**

碘、膳食纤维、牛磺酸

**适合搭配**

豆腐、猪肉、鸡蛋、白萝卜、胡萝卜

| 热量 | 250 千卡 |
| --- | --- |
| 蛋白质 | 26.7 克 |
| 糖类 | 44.1 克 |
| 脂肪 | 1.1 克 |

# 紫菜鸡蛋饼 10月⁺

**材料** 鸡蛋黄1个，紫菜5克，面粉100克。

**做法**

① 紫菜洗净，撕碎，用清水略泡软。

② 鸡蛋黄打匀，加入面粉、紫菜碎搅拌成面糊。

③ 油锅烧热，舀一大勺面糊倒入锅中，摊匀，两面煎熟，出锅切块即可。

快乐成长
好营养

鸡蛋黄中含有卵磷脂，紫菜富含碘，搭配食用有健脑益智的作用。

紫菜和猪肉搭配食用，可补钙护齿，强健骨骼。

# 紫菜肉丸 1岁+

**材料** 猪肉馅100克，鸡蛋1个，鲜香菇50克，紫菜5克。

**调料** 淀粉20克，酱油2克，盐1克。

**做法**

❶ 鸡蛋打散备用；鲜香菇洗净，去蒂，焯水，剁成末；紫菜切丝。

❷ 猪肉馅中加盐、淀粉、酱油、香菇末、鸡蛋液搅拌均匀，挤成肉丸，表面贴上紫菜，成紫菜肉丸。

❸ 盘底涂油，放上紫菜肉丸，入锅蒸15分钟即可。

**长高益智营养素**
碘、膳食纤维、钙

**适合搭配**
豆腐、猪肉、鸡蛋、
海蜇

| | |
|---|---|
| 热量 | 13 千卡 |
| 蛋白质 | 1.2 克 |
| 糖类 | 2.1 克 |
| 脂肪 | 0.1 克 |

注：此数据为鲜海带营养含量。

# 海带拌海蜇 2岁+

**材料** 水发海带 100 克，海蜇 60 克。

**调料** 香菜段、醋、蒜泥各适量，盐、香油各 2 克。

**做法**

❶ 水发海带洗净，切丝；海蜇放入清水中浸泡去味，放
沸水中焯透，捞出过凉，沥干，切丝。

❷ 将海蜇丝、海带丝放盘中，加盐、醋、蒜泥拌匀，淋
上香油，撒上香菜段即可。

快乐成长
好营养

海蜇和海带都富含钙和碘，不仅可以为骨骼生长提供
钙质，还能够提供碘以促进甲状腺激素的合成，预防
因碘缺乏导致的智力损伤。

## 1.5 岁+

# 海带肉末

**材料** 水发海带 100 克，猪瘦肉 50 克。

**调料** 姜末、蒜末、生抽各 3 克。

**做法**

① 猪瘦肉洗净，切末；水发海带切丝，焯水。

② 锅内倒油烧热，炒香姜末、蒜末，加入肉末翻炒，再加入海带丝翻炒，加生抽调味即可。

### 快乐成长 好营养

海带中富含碘，碘缺乏会影响婴幼儿神经系统发育，导致智力障碍。搭配猪瘦肉，不仅能提供蛋白质，还能促进造血。

## 1 岁+

# 海带豆腐汤

**材料** 水发海带 100 克，豆腐 60 克。

**调料** 葱花、姜末、盐各适量。

**做法**

① 水发海带洗净，切丝；豆腐洗净，切块，焯水沥干。

② 锅内倒油烧热，煸香姜末、葱花，放入豆腐块、海带块、适量清水大火煮沸，转小火炖熟，加盐调味即可。

### 快乐成长 好营养

豆腐富含钙，搭配富含碘的海带，有助于强健骨骼、促进大脑发育。

# 黑芝麻

**长高益智营养素**
多不饱和脂肪酸、维生素 E、膳食纤维、钙

**适合搭配**
鱼、糯米、燕麦、山药、牛奶、黄豆

| | | |
|---|---|---|
| 热量 | —— | 559 千卡 |
| 蛋白质 | —— | 19.1 克 |
| 糖类 | —— | 24 克 |
| 脂肪 | —— | 46.1 克 |

## 金枪鱼芝麻饭团 1岁⁺

**材料** 金枪鱼罐头 100 克，玉米粒 30 克，熟黑芝麻、熟白芝麻各 10 克，大米饭 80 克，海苔 2 片。

**做法**

❶ 金枪鱼切碎；玉米粒洗净，煮熟，盛出；海苔撕成长条。

❷ 将除海苔外的其他材料搅拌在一起，制成饭团，包上海苔条即可。

快乐成长
好营养

金枪鱼含有丰富的优质蛋白质和 DHA，黑芝麻含有钙和维生素 E，搭配食用健脑又强体。

 **8月⁺**

# 黑芝麻糊

**材料** 黑芝麻 50 克，糯米粉 20 克。

**做法**

❶ 黑芝麻挑去杂质，炒熟，碾碎；糯米粉加适量清水，调匀成糯米汁。

❷ 黑芝麻碎倒入锅内，加适量水大火煮开，转小火略煮。

❸ 把糯米汁慢慢淋入锅内，搅成浓稠状即可。

黑芝麻富含蛋白质、钙、磷、钾、镁，可为骨骼生长提供优质材料。搭配碳水化合物丰富的糯米粉，可以为大脑正常运转供给热量。

**8月⁺**

# 燕麦黑芝麻豆浆

**材料** 黄豆 30 克，黑芝麻 10 克，燕麦 20 克。

**做法**

❶ 黄豆洗净，浸泡 4 小时；黑芝麻洗净；燕麦洗净，浸泡 4 小时。

❷ 将黑芝麻、燕麦和黄豆放入豆浆机中，加水至上下水位线间，接通电源，按"五谷豆浆"键，待豆浆制好即可。

燕麦含有葡聚糖和烟酸，黄豆富含植物固醇，这款豆浆有助于增强抗病力，益智健脾。

核桃

**长高益智营养素**

多不饱和脂肪酸、膳食
纤维、钙、锌

**适合搭配**

黄豆、彩椒、菠菜、牛
奶、红枣

| 热量 | —— 646 千卡 |
| 蛋白质 | —— 14.9 克 |
| 糖类 | —— 19.1 克 |
| 脂肪 | —— 58.8 克 |

注：此数据为干核桃营养含量

# 核桃仁拌菠菜 2岁+

**材料** 菠菜 100 克，核桃仁 30 克。

**调料** 香油、醋各 3 克，盐 1 克。

**做法**

①菠菜洗净，放入沸水中焯一下，捞出沥干，切段。

②锅置火上，小火煸炒核桃仁至微黄，取出压碎。

③将菠菜段和核桃碎放入盘中，加入盐、醋搅拌均匀，淋上香油即可。

快乐成长
好营养

菠菜含有叶酸、胡萝卜素、维生素 C、膳食纤维等，搭配含锌、不饱和脂肪酸的核桃，健脑益智、助力长高、润肠通便。

# 琥珀核桃 **2.5岁⁺**

**材料** 核桃仁 100 克，红糖 10 克。

**做法**

① 锅内倒入适量清水烧开，放入核桃仁焯烫 2 分钟，捞出沥干。

② 将核桃仁放入烤箱，180℃、上下火烤 20 分钟。

③ 锅置火上，放入红糖、适量清水熬成糖汁，待黏稠时关火。

④ 倒入烤好的核桃仁，拌匀，迅速出锅即可。

快乐成长
好营养

这道菜含有膳食纤维、不饱和脂肪酸和卵磷脂，有助于增强记忆，润肠通便。

# 核桃花生牛奶 1岁+

**材料** 核桃仁、花生米各 30 克，牛奶 200 克。

**调料** 白糖 2 克。

**做法**

❶ 将核桃仁、花生米放锅中炒熟，碾碎。

❷ 锅置火上，倒入牛奶大火煮沸，下入核桃碎、花生碎稍煮 1 分钟，放白糖煮化即可。

快乐成长
好营养

核桃仁中含必需脂肪酸，和富含蛋白质、钙的牛奶搭配，补脑益智又壮骨。

PART

3

# 孩子爱吃的
# 经典长高益智营养餐

# 凉菜

## 荷兰豆拌鸡丝 1.5 岁+

**材料** 鸡胸肉 50 克，荷兰豆 60 克。

**调料** 蒜蓉 10 克，盐 1 克，橄榄油 3 克。

**做法**

❶ 鸡胸肉洗净，煮熟冷却，撕成细丝；荷兰豆洗净，放入沸水中焯熟，切丝备用。

❷ 将鸡丝、荷兰豆丝放入盘中，加入蒜蓉、盐、橄榄油拌匀即可。

**快乐成长 好营养**

鸡胸肉富含优质蛋白质，低脂、低糖；荷兰豆富含维生素 C、B 族维生素。搭配做菜，营养互补，可以助长高、促进大脑发育。

# 鸡丝粉皮 **2.5**岁<sup>+</sup>

这道菜含有丰富的碳水化合物、锌、硒、烟酸等，有助于增强体力、促进食欲。

**材料** 鸡胸肉 50 克，鲜粉皮 100 克，黄瓜、胡萝卜各30 克，熟花生米 10 克。

**调料** 芝麻酱、花生酱各适量，葱花 3 克，盐 1 克。

**做法**

1 鸡胸肉洗净，放入沸水中煮熟捞出，放凉，撕成细丝；鲜粉皮切长条；黄瓜、胡萝卜洗净，切丝；熟花生米用擀面杖碾碎。

2 将鲜粉皮条、鸡丝、黄瓜丝、胡萝卜丝放入盘中，加入芝麻酱、花生酱、盐拌匀，撒上葱花、花生碎即可。

 **1岁⁺**

# 凉拌四丝

**材料** 黄瓜 50 克，豆腐皮、白菜、胡萝卜各 40 克。

**调料** 盐 1 克，生抽、醋各 3 克，蒜末、香油各适量。

**做法**

❶ 豆腐皮切丝；胡萝卜、黄瓜、白菜洗净，切丝，焯熟。

❷ 将所有食材放盘中，加生抽、醋、盐、蒜末拌匀，淋上香油即可。

**快乐成长 好营养**

这道菜富含膳食纤维、维生素 C、胡萝卜素等，能促进食欲，助力儿童成长。

**1.5岁⁺**

# 芹菜拌腐竹

**材料** 水发腐竹 200 克，芹菜 100 克，胡萝卜 50 克，熟白芝麻少许。

**调料** 盐 1 克，香油适量。

**做法**

❶ 水发腐竹洗净，切段；芹菜洗净，切段；胡萝卜洗净，切丁。

❷ 将水发腐竹段、芹菜段、胡萝卜丁依次焯水后放盘中，加入熟白芝麻、盐拌匀，淋上香油即可。

**快乐成长 好营养**

这道菜富含膳食纤维、胡萝卜素、蛋白质、钙等，能帮助稳定情绪、促进食欲。

这道菜含有维生素C、卵磷脂、膳食纤维等营养，不仅能缓解便秘、护眼健脑，还能清热消暑。

扫一扫 轻松学

# 水果杏仁豆腐 **1岁⁺**

**材料** 西瓜、香瓜、猕猴桃各30克，杏仁豆腐60克，牛奶100克。

**做法**

❶ 香瓜洗净，去皮及子，切小块；西瓜取果肉，去子，切小块；猕猴桃去皮，切小块；杏仁豆腐切小块。

❷ 将切好的水果块和杏仁豆腐放入碗中，加入牛奶即可。

# 炝拌银耳 1.5岁+

**材料** 水发银耳100克，胡萝卜、黄瓜各50克。

**调料** 香菜段、生抽、醋各3克，盐1克。

**做法**

❶ 水发银耳洗净，撕小朵，焯熟捞出；胡萝卜洗净，切细丝，焯熟捞出；黄瓜洗净，切细丝。

❷ 将水发银耳、黄瓜丝、胡萝卜丝放盘中，加入生抽、醋、盐调味，撒上香菜段即可。

快乐成长
好营养

这道菜富含胶质、胡萝卜素等营养，有润肠通便、强体的作用。

这道菜富含胡萝卜素、叶酸、钾、膳食纤维等，有助于保护视力和提高抵抗力。

**2岁+**

# 凉拌小油菜

**材料**　油菜 200 克。

**调料**　醋 5 克，香油 3 克，盐 1 克。

**做法**

❶ 油菜放入淡盐水中浸泡 5 分钟，择洗干净，煮熟。

❷ 将油菜放盘中，放入盐、醋拌匀，淋香油即可。

# 拍黄瓜 1岁+

**材料** 黄瓜 200 克，熟黑芝麻 5 克。

**调料** 盐 1 克，蒜末、醋、香菜末各适量，香油 2 克。

**做法**

❶ 黄瓜洗净，用刀拍至微碎，切块。

❷ 将黄瓜块放在盘中，加盐、蒜末、醋、香菜末和香油
拌匀，撒上熟黑芝麻即可。

**快乐成长 好营养**

这道菜含维生素 C、膳食纤维，具有开胃促食、预防便秘的作用。

这款沙拉含有钙、玉米黄素、维生素 C、番茄红素等，助力长高，还可保护肠道健康。

**1 岁⁺**

# 玉米沙拉

**材料** 玉米粒、酸奶、黄瓜、圣女果各 50 克，胡萝卜、柠檬各 20 克。

**做法**

❶ 玉米粒洗净，焯熟；胡萝卜洗净，切丁，焯熟；黄瓜洗净，切丁；圣女果洗净，切小片。

❷ 将玉米粒、黄瓜丁、圣女果片、胡萝卜丁装入碗中，加入酸奶、挤入柠檬汁，拌匀即可。

# 豆腐烧牛肉末 1岁+

**材料** 豆腐 100 克，牛肉 40 克。

**调料** 葱花、姜末、蒜末各 4 克，生抽 3 克。

**做法**

❶ 牛肉洗净，切末；豆腐洗净，切片。

❷ 锅内倒油烧热，炒香葱花、姜末、蒜末，放入牛肉末翻炒至变色，放入生抽炒香，加入适量水。

❸ 待水开后放入豆腐片，转中火煮 5 分钟，大火收汁即可。

快乐成长
好营养

这道菜营养丰富，含有钙、铁、优质蛋白质等营养，对儿童的生长发育有帮助。

# 黑椒牛柳 3岁+

**材料** 牛里脊 100 克，洋葱 50 克。

**调料** 黑胡椒碎、盐、老抽、白糖、水淀粉各适量。

**做法**

❶ 洋葱洗净，切丝；牛里脊洗净，用刀背拍松，切片，倒入黑胡椒碎、盐、老抽、白糖、水淀粉拌匀后腌渍 5 分钟。

❷ 锅内倒油烧热，放牛肉片滑散，加洋葱丝翻炒，倒入少许清水翻炒，出锅前用水淀粉勾芡即可。

# 番茄炖牛腩 3岁+

**材料** 牛腩 200 克，番茄 150 克。

**调料** 酱油、盐、葱末、姜末各适量。

**做法**

❶ 牛腩洗净，切块，焯水，捞出；番茄洗净，去皮，一半切碎，另一半切块。

❷ 锅内倒油烧至六成热，爆香姜末，放入番茄碎炒出汁。

❸ 加牛肉块、酱油、盐翻匀，倒入砂锅中，加水炖至熟烂，放番茄块炖 5 分钟，撒葱末即可。

**快乐成长
好营养**

这道菜含有丰富的锌、铁、番茄红素、蛋白质等营养，孩子常吃可以强筋壮骨。

扫一扫 轻松学

快乐成长
好营养

牛肉富含铁、锌，搭配富含番茄红素的番茄、富含膳食纤维的红薯，能助力长高、缓解便秘。

# 罗宋汤 3岁⁺

**材料** 牛腩200克，番茄、胡萝卜、红薯、洋葱各50克，圆白菜30克。

**调料** 盐1克，番茄酱、黑胡椒粉各适量。

**做法**

❶ 牛腩洗净，切块，冷水入锅，焯水；胡萝卜、洋葱、番茄分别洗净，切块；圆白菜洗净，切片；红薯洗净，去皮，切块。

❷ 锅内倒油烧热，放入洋葱块、牛腩块、胡萝卜块、番茄块煸炒至软，加适量清水大火烧开，转中火炖40分钟。

❸ 放入红薯块、圆白菜片炖10分钟，加入番茄酱、盐、黑胡椒粉调味即可。

# 子姜羊肉 1.5岁+

**材料** 羊肉 100 克，子姜 30 克，红彩椒 50 克。

**调料** 青蒜 10 克，料酒、生抽各 3 克，盐 1 克，淀粉适量。

**做法**

❶ 羊肉洗净，切丝，加料酒、盐、淀粉腌渍 10 分钟；子姜洗净，切丝；红彩椒洗净，去蒂及子，切丝；青蒜洗净，切段。

❷ 锅内倒油烧热，炒香子姜丝，放入羊肉丝滑散，再放入红彩椒丝、青蒜段略炒，淋上生抽即可。

快乐成长
好营养

羊肉富含铁、优质蛋白质、烟酸等营养，搭配子姜和彩椒，有助于预防缺铁性贫血。

羊肉属于温补食物，
山药可以开胃健脾。
搭配食用有助于提高
抗病力。

# 山药胡萝卜羊肉汤 2岁+

**材料** 羊肉 200 克，胡萝卜、山药各 100 克。

**调料** 盐 2 克，姜片、葱段、胡椒粉、料酒各适量。

**做法**

❶ 羊肉洗净，切块，入沸水中焯烫，捞出冲净血沫；
胡萝卜洗净，切厚片；山药去皮，洗净，切段。

❷ 锅内倒油烧热，炒香姜片和葱段，放入羊肉块翻炒
约 5 分钟。

❸ 砂锅置火上，加入炒好的羊肉块、适量清水和料酒，
大火烧开后转中小火炖约 2 小时，加入胡萝卜片、
山药段再炖 20 分钟，加盐、胡椒粉调味即可。

# 豆角炖排骨 2.5岁+

**材料** 猪排骨、豆角各 200 克。

**调料** 盐 1 克，料酒 5 克，姜片、蒜末、老抽各适量。

**做法**

❶ 猪排骨洗净，切小块；豆角洗净，去筋，切段。

❷ 锅内倒油烧热，炒香姜片、蒜末，放入排骨块翻炒至变色，加入豆角段炒至变色，加入料酒、老抽、适量清水中火炖 40 分钟，加盐调味即可。

快乐成长
好营养

这道菜富含蛋白质、钙、铁及 B 族维生素、膳食纤维等，且味道咸鲜适口，诱人食欲。

扫一扫 轻松学

快乐成长
好营养

这道菜富含铁、锌、维生素C、膳食纤维等，有助于补充营养，提高抵抗力。

# 冬瓜玉米焖排骨 3岁+

**材料** 猪排骨 200 克，冬瓜、玉米各 100 克。

**调料** 盐1克，葱段、蒜片、姜片、生抽各适量。

**做法**

❶ 猪排骨洗净，切块；冬瓜去皮及瓤，洗净，切块；玉米洗净，切段。

❷ 锅内倒油烧热，爆香蒜片、姜片，倒入排骨块翻炒，加入冬瓜块、玉米段及适量热水烧开，加盖焖40分钟。

❸ 加盐、生抽搅匀，继续焖10分钟，放入葱段即可。

# 肉末冬瓜 1岁+

**材料** 冬瓜 150 克，猪瘦肉 60 克，枸杞子 5 克。

**调料** 葱末、姜末各 5 克，盐 1 克。

**做法**

1 猪瘦肉洗净，剁成末；枸杞子浸泡备用；冬瓜洗净，去皮除子，切厚片，整齐地摆在盘中。

2 锅置火上，倒油烧至六成热，放入葱末、姜末炒香，放肉末炒散，加盐炒匀后盛出，放在冬瓜片上，再放上枸杞子，入蒸锅蒸 8 分钟即可。

快乐成长
好营养

冬瓜含有丙醇二酸等，猪肉含有钙、铁、锌等营养。二者搭配能促进成长。

猪肉富含铁、锌、蛋白
质等营养，搭配富含膳
食纤维、维生素C的
黄豆芽，能促进新陈
代谢，助力成长。

# 豆芽丸子汤 2岁+

**材料** 猪里脊 100 克，黄豆芽 50 克，鸡蛋清 1 个。

**调料** 姜末、葱花各 5 克，盐、胡椒粉、淀粉各适量。

**做法**

❶ 猪里脊洗净，剁成泥，加鸡蛋清、姜末、盐、胡椒粉
和淀粉，用筷子朝一个方向搅拌上劲，挤成肉丸；黄
豆芽洗净。

❷ 锅内倒入适量清水烧开，放入黄豆芽煮开，再放入肉
丸煮至浮起，加盐调味，撒上葱花即可。

扫一扫 轻松学

 3岁+

# 红烧肉

**材料** 五花肉 300 克。

**调料** 姜片、生抽、盐各适量。

**做法**

❶ 五花肉洗净切块，冷水下锅煮 20 分钟，捞出。

❷ 锅内倒油烧热，放入姜片炒出香味，放五花肉块翻炒，放入生抽、盐翻炒，加入适量开水，炖 60 分钟即可。

快乐成长
好营养

> 这道菜能补充蛋白质、铁，且口感鲜香，能促进食欲、辅治贫血。

3岁+

# 菠萝咕噜肉

**材料** 猪肉 150 克，菠萝 50 克，鸡蛋 1 个，柿子椒、红彩椒各 30 克。

**调料** 番茄酱 10 克，淀粉、料酒、盐、胡椒粉各适量。

**做法**

❶ 菠萝洗净，去皮，切块；鸡蛋打散备用；柿子椒、红彩椒洗净，去蒂及子，切小块。

❷ 猪肉洗净，切小块，加盐、料酒腌渍 15 分钟，倒入鸡蛋液，裹匀淀粉。

❸ 锅内倒油烧热，放入肉块炸至表面金黄，捞出。

❹ 锅留底油烧热，将柿子椒块、红彩椒块、菠萝块炒香，倒入番茄酱和少许清水，加入炸好的肉块，煮沸后大火收汁即可。

鸡肉富含烟酸、蛋白质等，常食可促进生长。搭配胡萝卜和菠菜，还能保护视力。

# 双色鸡肉丸 1岁⁺

**材料** 鸡胸肉100克，胡萝卜、菠菜各50克。

**调料** 盐1克，淀粉、柠檬汁各适量。

**做法**

❶ 胡萝卜洗净，去皮，切块，蒸熟，压成泥；菠菜洗净，焯烫后切段，放入料理机中，加适量饮用水搅打成泥。

❷ 鸡胸肉洗净，切小块，加盐、柠檬汁腌渍10分钟，放入料理机中打成泥，分成均匀的两份。

❸ 将胡萝卜泥和一份鸡肉泥、适量淀粉搅匀至上劲，挤成丸子；将菠菜泥和剩下的一份鸡肉泥、适量淀粉搅匀至上劲，挤成丸子。

❹ 锅内倒适量水烧开，放入挤好的丸子煮熟即可。

扫一扫 轻松学

## 1.5岁+

# 鸡肉什锦鹌鹑蛋

**材料** 鸡胸肉、莲藕、鹌鹑蛋各 50 克，
水发木耳 30 克。

**调料** 盐 1 克，橄榄油、醋各适量。

**做法**

❶ 鸡胸肉洗净，切小块；莲藕去皮，洗
净，切丁；鹌鹑蛋洗净，煮熟，去壳，
切半；水发木耳洗净，撕小朵。

❷ 锅内倒水烧沸，分别放入鸡肉块、莲
藕丁、水发木耳焯烫至熟，捞出。

❸ 所有食材加橄榄油、盐和醋拌匀即可。

这道菜富含蛋白质、维生素 C、锌和
卵磷脂等营养，能帮助健脑益智、保
护肝脏、促进骨骼生长。

## 3岁+

# 香煎鸡翅

**材料** 鸡翅 200 克。

**调料** 姜丝、生抽各 6 克，老抽 3 克。

**做法**

❶ 鸡翅洗净，用厨房纸巾擦干表面水分，
在鸡翅表面划几刀，放入姜丝、生抽、
老抽腌渍 20 分钟。

❷ 锅内倒油烧热，放入腌渍好的鸡翅煎
至两面金黄即可。

这道菜含有蛋白质、烟酸、锌等，对
促进骨骼发育有益。

# 银鱼炒蛋 1岁+

**材料** 银鱼 50 克，鸡蛋 1 个。

**调料** 葱花 2 克，盐 1 克。

**做法**

❶ 银鱼洗净，焯水，沥干；鸡蛋打散备用。

❷ 将银鱼放入蛋液中，加入盐、葱花搅拌均匀。

❸ 锅内倒油烧热，倒入银鱼鸡蛋液翻炒，待蛋液凝固熟软，炒散即可。

快乐成长
好营养

银鱼富含钙、蛋白质，而且基本没有大鱼刺，适合儿童食用。搭配鸡蛋同炒，能促进大脑和骨骼发育。

# 奶油鳕鱼

**材料**　鳕鱼100克，奶油10克，鸡蛋1个，
　　　　面粉、圣女果各20克。

**调料**　胡椒粉2克，盐1克，姜片5克。

**做法**

❶ 鳕鱼洗净，加盐、胡椒粉、姜片腌渍
30分钟；鸡蛋打散备用；圣女果洗
净，切块。

❷ 将腌渍好的鳕鱼表面刷一层蛋液，再
裹匀面粉。

❸ 锅置火上，放入奶油烧化，再放入鳕
鱼煎至两面金黄，加圣女果点缀即可。

*快乐成长*
*好营养*

鳕鱼含有丰富的DHA和蛋白质，能
促进儿童骨骼和大脑发育。

# 奶白鲫鱼汤

**材料**　鲫鱼250克。

**调料**　姜片、葱花各5克，盐1克，香
　　　　油适量。

**做法**

❶ 鲫鱼处理干净，在表面斜划几刀。

❷ 锅内倒油烧热，炒香姜片，下入鲫鱼
小火煎至两面微黄，加入没过鲫鱼的
开水，大火煮10分钟，加盐调味，撒
上葱花，淋上香油即可。

*快乐成长*
*好营养*

鲫鱼肉质细腻，含锌、钙、磷、铁、蛋
白质以及不饱和脂肪酸等，可以促进骨
骼健康发育。

# 荷兰豆炒鱿鱼 3岁+

这道菜富含蛋白质、钙、磷、维生素 C 等营养，有助于促进生长发育。

**材料** 鱿鱼 100 克，荷兰豆 50 克，红彩椒 20 克。

**调料** 姜末、豆瓣酱各 3 克。

**做法**

1. 鱿鱼处理干净，打花刀，切段，焯烫至卷曲后捞出；荷兰豆去老筋，洗净，焯烫后捞出；红彩椒洗净，去蒂及子，切丁。

2. 锅内倒油烧热，爆香姜末，放入红彩椒丁、荷兰豆、鱿鱼卷翻炒，加豆瓣酱调味即可。

# 干贝蒸蛋 **9**月<sup>+</sup>

**材料** 鸡蛋1个，干贝10克，熟豌豆10克。

**做法**

❶ 鸡蛋打散，加入盐、等量饮用水，搅匀成蛋液；干贝泡发，撕成小块。

❷ 将干贝放入蛋液中，覆上保鲜膜，放入沸水中蒸10分钟，点缀熟豌豆即可。

**快乐成长好营养**

干贝含丰富的蛋白质、锌、硒等，与富含卵磷脂的鸡蛋搭配，营养更全面。

扫一扫 轻松学

快乐成长
好营养

这道菜含钙、磷、锌、蛋白质等营养，能促进大脑发育。

# 干贝厚蛋烧 1岁⁺

**材料**　鸡蛋1个，番茄50克，干贝10克。

**调料**　盐1克。

**做法**

❶ 番茄洗净，去皮，切碎；干贝洗净，用水泡2小时，隔水蒸15分钟，切碎。

❷ 鸡蛋打散，放入盐、番茄碎、干贝碎搅拌均匀成蛋液。

❸ 锅内倒油烧热，均匀地倒一层蛋液，凝固后卷起盛出，切段即可。

# 番茄炒扇贝 2岁+

**材料** 扇贝肉 100 克，番茄 150 克。

**调料** 盐 1 克，葱段、蒜末各 10 克，料酒适量。

**做法**

❶ 扇贝肉洗净，用盐和料酒腌渍 5 分钟，洗净；番茄洗净，切块。

❷ 锅置火上，倒入植物油烧至六成热，爆香葱段，放入扇贝肉和番茄块翻炒至熟，加盐、蒜末调味即可。

**快乐成长好营养**

这道菜富含锌、钾、蛋白质、番茄红素等营养，有助于增进食欲、调节免疫力。

豆腐干含钙丰富，对儿童牙齿、骨骼的生长发育有益，搭配富含膳食纤维的蒿子秆，还可预防便秘。

# 蒿子秆炒豆干 1.5岁+

**材料** 蒿子秆100克，豆腐干50克。

**调料** 蒜末3克，盐1克，香油适量。

**做法**

❶ 蒿子秆洗净，切段；豆腐干洗净，切条。

❷ 锅内倒油烧热，爆香蒜末，放入蒿子秆段炒软，再放入豆腐干条翻炒，加盐调味，淋上香油即可。

# 双椒炒木耳

**材料** 柿子椒100克，水发木耳50克，红彩椒20克。

**调料** 蒜末5克，盐少许。

**做法**

❶ 柿子椒、红彩椒分别洗净，去蒂及子，切片；水发木耳洗净，去蒂，撕小朵。

❷ 锅内倒油烧热，炒香蒜末，放入木耳翻炒，再加入柿子椒片、红彩椒片炒熟，加盐调味即可。

*快乐成长好营养*

这道菜含有钙、铁、膳食纤维、维生素C等，对儿童生长发育有益。

# 杏鲍菇炒玉米

**材料** 杏鲍菇100克，玉米粒50克，红彩椒、胡萝卜各20克。

**调料** 生抽、蒜片各3克。

**做法**

❶ 杏鲍菇、胡萝卜洗净，切丁；玉米粒洗净；红彩椒洗净，去蒂及子，切丁。

❷ 锅内倒油烧热，放入蒜片爆香，下入胡萝卜丁、杏鲍菇丁翻炒至杏鲍菇变软，放入玉米粒、红彩椒丁炒软，加入生抽调味即可。

*快乐成长好营养*

杏鲍菇含有精氨酸、赖氨酸等，搭配富含膳食纤维、玉米黄素的玉米，有助于增强记忆力、润肠通便、保护眼睛。

扫一扫 轻松学

## 1.5 岁<sup>+</sup>

# 丝瓜白玉菇汤

**材料** 丝瓜 100 克，白玉菇 50 克，鸡蛋
1 个，枸杞子适量。

**调料** 盐 1 克，葱末 3 克。

**做法**

❶ 丝瓜去皮，洗净，切滚刀块；白玉菇
洗净，去蒂；鸡蛋打散，炒熟盛出备
用；枸杞子洗净。

❷ 锅内倒油烧热，爆香葱末，放入丝瓜
块、白玉菇和适量清水烧开，放入鸡
蛋、枸杞子略煮，加盐调味即可。

快乐成长
好营养

丝瓜含维生素 C，鸡蛋含卵磷脂、
蛋白质，搭配富含膳食纤维的白玉
菇，健脑益智、清热促便。

## 2 岁<sup>+</sup>

# 肉馅香菇盏

**材料** 鲜香菇、猪肉各 100 克。

**调料** 盐 1 克，蒜泥 5 克，姜末、葱花、
白胡椒粉、生抽各适量。

**做法**

❶ 猪肉洗净，剁成泥，加姜末、葱花、
生抽、盐、白胡椒粉搅匀；香菇洗净，
去蒂。

❷ 在香菇上放入猪肉泥，放入蒸锅蒸 10
分钟，加蒜泥，撒葱花即可。

快乐成长
好营养

猪肉能补充蛋白质和铁，搭配香菇食
用，有利于营养吸收，助力儿童健康
成长。

# 桃仁荸荠玉米 2岁+

**材料** 荸荠100克，玉米粒50克，核桃仁20克，柿子椒、红彩椒各10克。

**调料** 葱末、姜末、蒜末各3克，盐1克。

**做法**

❶ 荸荠去皮，洗净，切小块；玉米粒洗净，焯熟捞出；核桃仁切小块；柿子椒、红彩椒洗净，去蒂及子，切丁。

❷ 锅内倒油烧热，炒香葱末、姜末、蒜末，放入荸荠块翻炒，加入柿子椒丁、红彩椒丁、玉米粒、核桃仁翻炒至熟，加盐调味即可。

这道菜富含锌、维生素C、胡萝卜素、膳食纤维等，还含不饱和脂肪酸，能补充大脑所需营养，具有健脑作用。

# 松仁玉米

**材料** 玉米粒100克，松子仁、红彩椒、柿子椒各30克，芹菜10克。

**调料** 葱末、姜末各3克，盐1克。

**做法**

❶ 玉米粒洗净；松子仁洗净，炒香；红彩椒、柿子椒分别洗净，去蒂除子，切丁；芹菜洗净，切小段。

❷ 锅内倒油烧热，放葱末、姜末炒香，倒入玉米粒翻炒，放入松子仁、红彩椒丁、柿子椒丁、芹菜段炒熟，加盐调味即可。

*快乐成长 好营养*

松子仁富含维生素E、必需脂肪酸，玉米富含膳食纤维、玉米黄素。搭配做菜，是健脑益智的佳品。

# 糖醋菠萝藕丁

**材料** 菠萝肉100克，莲藕60克，豌豆20克，枸杞子10克。

**调料** 蒜末、葱花、白糖、醋各5克，番茄酱8克。

**做法**

❶ 莲藕去皮，洗净，切丁；菠萝肉洗净，切丁；豌豆洗净，焯熟；枸杞子洗净。

❷ 锅内倒油烧热，放入葱花、蒜末爆香，倒入莲藕丁、菠萝丁翻炒，加入番茄酱、豌豆、枸杞子略熟，加白糖、醋调味即可。

*快乐成长 好营养*

这道菜含有维生素C、钙、碳水化合物等，口味酸甜，能促进食欲、补充体力。

# 荷塘小炒 2岁+

**材料** 水发木耳、胡萝卜、山药、荷兰豆各30克，莲藕50克。

**调料** 蒜末3克，盐1克。

**做法**

❶ 水发木耳洗净，撕小朵；胡萝卜去皮，洗净，切菱形片；山药去皮，洗净，切薄片；荷兰豆去老筋，洗净；莲藕去皮，洗净，横向一切为二，切薄片。

❷ 锅置火上，倒适量清水烧开，依次将木耳、胡萝卜片、山药片、荷兰豆、莲藕片焯水，捞出。

❸ 锅内倒油烧热，爆香蒜片，放入所有材料，翻炒3分钟至熟，加盐调味即可。

**快乐成长 好营养**

这道菜含膳食纤维、蛋白质、铁、钙、胡萝卜素等营养，能促进消化，帮助吸收，助力成长。

五花肉含蛋白质、铁、钙，搭配富含膳食纤维的春笋，能帮助消化、增强体力。

# 小炒春笋 3岁+

**材料** 春笋 150 克，五花肉 50 克。

**调料** 葱花、蒜片各 5 克，老抽、蚝油各 2 克，盐 1 克。

**做法**

❶ 春笋去老皮，洗净，切段，焯烫后捞出；五花肉洗净，切片。

❷ 锅内倒油烧热，放入蒜片炒香，放五花肉片翻炒片刻，放入春笋段继续翻炒，加入老抽、蚝油和少许水翻炒，加盐调味，撒上葱花即可。

扫一扫 轻松学

**2岁⁺**

# 家常炒菜花

**材料** 菜花100克，胡萝卜、水发木耳各20克。

**调料** 青蒜10克，蒜碎5克，盐1克。

**做法**

❶ 菜花洗净，切小朵；胡萝卜去皮，洗净，切片；水发木耳洗净，撕小朵；上述食材焯水备用；青蒜洗净，切段。

❷ 锅内倒油烧热，煸香蒜碎，放入菜花、胡萝卜片、木耳、青蒜段翻炒至熟，加盐调味即可。

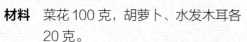

这道菜含维生素K、维生素C、胡萝卜素、膳食纤维等，有助于明目护眼、润肠通便。

**1岁⁺**

# 萝卜丝太阳蛋汤

**材料** 白萝卜100克，鸡蛋1个，枸杞子适量。

**调料** 盐1克，葱末3克。

**做法**

❶ 白萝卜去皮，洗净，切丝。

❷ 平底锅放油烧热，磕入鸡蛋煎至两面金黄，即为太阳蛋。

❸ 锅内倒油烧热，放入萝卜丝炒至变色，放入太阳蛋，加枸杞子、适量清水，中火煮10分钟，加盐调味，撒上葱末即可。

快乐成长
好营养

白萝卜含维生素C、膳食纤维，鸡蛋含卵磷脂。搭配做汤，清热、补虚、通便。

# 皮蛋瘦肉粥  1.5岁+

**材料**　大米 50 克，皮蛋 1 个，猪里脊 60 克。

**调料**　葱花、姜末、盐、胡椒粉各少许。

**做法**

❶ 大米洗净；皮蛋去壳，切丁；猪里脊洗净，切丁。

❷ 锅中放适量清水、大米，大火烧开后转小火熬煮 30
　分钟成稠粥，加入皮蛋丁、里脊丁煮熟。

❸ 加葱花、姜末、盐、胡椒粉煮至入味即可。

快乐成长
好营养

这款粥富含蛋白质、铁，口味咸香，促进
食欲、润燥强体。

主食

# 藜麦蔬菜粥 1岁+

**材料** 大米 30 克，藜麦、胡萝卜、油菜、玉米粒、
山药各 20 克。

**做法**

❶ 大米、藜麦分别洗净；胡萝卜洗净，切丁；油菜洗
净，切碎；玉米粒洗净；山药去皮，洗净，切丁。

❷ 锅内倒入适量清水烧开，放入藜麦、大米大火煮
开，再放入胡萝卜丁、玉米粒、山药丁、油菜碎
煮熟即可。

快乐成长
好营养

藜麦蔬菜粥富含碳水
化合物、维生素C、
膳食纤维、胡萝卜素
等，有助于促进儿童
生长发育。

## 10月⁺

# 燕麦猪肝粥

**材料** 原味燕麦片、大米、猪肝各30克。
**做法**

❶ 大米洗净；猪肝洗净，切末。

❷ 锅内加适量清水、大米，大火煮开，转小火熬煮20分钟，放入燕麦片煮开，放入猪肝末煮熟即可。

*快乐成长 好营养*

猪肝富含铁、维生素 B₁₂、维生素 A，燕麦富含膳食纤维。搭配同食能帮助预防缺铁性贫血、缓解便秘。

## 2岁⁺

# 腊肠香菇焖饭

**材料** 腊肠、鲜香菇各30克，大米50克。
**做法**

❶ 腊肠切丁；鲜香菇洗净，去蒂，切丁；大米洗净。

❷ 将大米、香菇丁、腊肠丁放入电饭锅中，加适量清水，按下"煮饭"键煮熟即可。

*快乐成长 好营养*

腊肠香菇焖饭含维生素 D、蛋白质、铁等，能强壮骨骼、开胃促食。

# 卡通饭团 1岁+

**材料** 玉米粒、豌豆、胡萝卜各 30 克,柿子椒、红彩椒各 20 克,干木耳 3 克,鸡胸肉 40 克,米饭 50 克。

**调料** 生抽、淀粉各少许。

**做法**

1 玉米粒、豌豆洗净,煮熟;胡萝卜洗净,去皮,切小丁,煮熟;柿子椒、红彩椒洗净,去蒂及子,切丁;木耳泡发,去蒂,洗净,切碎;鸡胸肉洗净,切丁,拌入淀粉腌渍 10 分钟。

2 锅内倒油烧热,倒入鸡丁翻炒至变色,倒入木耳碎炒熟,再放入玉米粒、豌豆、胡萝卜丁、柿子椒丁、红彩椒丁,淋生抽翻炒均匀。

3 倒入米饭翻炒均匀,再利用各种模具做出卡通造型即可。

快乐成长
好营养

卡通饭团含有蛋白质、锌、胡萝卜素、玉米黄素、维生素 C 等,营养丰富,保护视力的同时还有助于大脑发育。

燕麦富含 B 族维生素，能有效弥补精白米面中缺失的 B 族维生素，尤其富含维生素 $B_1$，可帮助孩子减轻疲劳、改善精神状态，搭配燕麦、虾仁，可预防便秘、促进脑部发育。

# 什锦虾仁炒饭 2.5 岁⁺

**材料**　大米 30 克，燕麦 15 克，虾仁 60 克，西葫芦、洋葱、豌豆各 20 克。

**调料**　生抽 5 克，白胡椒粉少许。

**做法**

❶ 大米洗净；燕麦洗净，浸泡 4 小时；将大米、燕麦和适量清水放入电饭锅煮熟，盛出。

❷ 豌豆洗净，入沸水煮 3 分钟；虾仁洗净，去虾线，切丁，加白胡椒粉、少许油略腌；西葫芦、洋葱洗净，去皮，切丁。

❸ 锅内倒油烧至七成热，放入虾仁丁、洋葱丁、西葫芦丁翻炒至洋葱丁微微透明，放入豌豆和米饭，加入生抽，翻炒片刻即可。

# 巴沙鱼什锦饭 1.5岁+

**材料** 米饭 100 克，巴沙鱼 60 克，玉米粒、胡萝卜、火腿肠各 30 克。

**调料** 盐 1 克，料酒、葱末各 5 克。

**做法**

❶ 巴沙鱼洗净，切丁，用料酒腌渍 15 分钟；胡萝卜去皮，洗净，切丁；火腿肠切丁。

❷ 平底锅倒油烧热，放入巴沙鱼丁煎熟，加入胡萝卜丁、玉米粒、火腿肠丁翻炒，加入米饭炒匀，加盐、葱花调味即可。

**快乐成长好营养**

巴沙鱼什锦饭含有优质蛋白质、钙、锌、玉米黄素、胡萝卜素等，能促进大脑发育、助力长个儿。

紫菜包饭含胆碱、钙、铁、维生素 C、胡萝卜素等营养，能增强记忆力，助力长高。

# 紫菜包饭 2岁+

**材料** 熟米饭 200 克，紫菜 10 克，黄瓜、胡萝卜各50 克，鸡蛋 1 个，熟黑芝麻适量。

**调料** 盐、香油各 1 克，醋 6 克，白糖少许。

**做法**

❶ 熟米饭加盐、熟黑芝麻和香油搅拌均匀；鸡蛋打散，煎成蛋皮，切长条；黄瓜洗净，切条；胡萝卜洗净，去皮，切条，焯熟。

❷ 将醋、白糖、盐放锅里加水煮开，凉凉，即为寿司醋。

❸ 取一张紫菜铺好，放上米饭，用手铺平，放上蛋皮条、黄瓜条、胡萝卜条卷紧，切成 1.5 厘米长的段，食用时蘸寿司醋即可。

# 蔬菜蛋包饭 **1.5岁⁺**

**材料** 鸡蛋1个，米饭80克，胡萝卜、豌豆、玉米粒、
虾仁、鲜香菇各25克。

**调料** 盐1克，番茄酱适量。

**做法**

❶ 鸡蛋打散备用；胡萝卜去皮，洗净，切丁；豌豆、玉
米粒、虾仁洗净；鲜香菇洗净，去蒂，切丁。

❷ 锅内倒入适量清水烧沸，分别放入胡萝卜丁、豌豆、
玉米粒、虾仁、香菇丁焯烫，捞出备用。

❸ 锅内倒油烧热，放入胡萝卜丁、豌豆、玉米粒、虾
仁、香菇丁翻炒至熟，加米饭搅拌均匀，加盐调味，
盛出。

❹ 平底锅倒油烧热，放入蛋液摊成蛋皮，盛出。

❺ 将炒饭放入蛋皮中间，迅速裹起，淋上番茄酱即可。

**快乐成长
好营养**

蔬菜蛋包饭将多种
食材混合在一起，
营养均衡，助力儿
童长高益智。

# 鸭丝菠菜面 1.5岁<sup>+</sup>

**材料** 面粉 100 克，菠菜 50 克，鸭肉、圣女果、小白菜、鲜香菇各 30 克。

**调料** 盐少许。

**做法**

❶ 菠菜洗净，焯熟，放入料理机打成糊；鸭肉洗净，切丝，焯熟；圣女果洗净，切碎；小白菜洗净，切碎；鲜香菇洗净，去蒂，焯熟后切碎。

❷ 面粉、植物油和菠菜糊搅拌均匀，揉成面团，用保鲜膜覆盖，醒 15 分钟。

❸ 将醒好的面团擀成薄厚均匀的面片，再切成粗细均匀的面条。

❹ 另取锅，加适量清水煮沸，下面条、鸭丝、香菇碎，再次煮沸后转小火，放入小白菜碎、圣女果碎煮至面条熟烂即可。

# 番茄肉末意面 1.5岁+

扫一扫 轻松学

**材料** 番茄 100 克，牛肉 50 克，洋葱 30 克，意大利
面 40 克。

**调料** 盐 1 克。

**做法**

❶ 番茄洗净，去皮，切小块；牛肉洗净，切末；洋葱去
老皮，洗净，切碎。

❷ 将意大利面放入沸水中，加几滴油煮 15 分钟至熟，
盛出。

❸ 平底锅倒油烧热，放入洋葱碎煸香，倒入番茄块和
牛肉末翻炒至浓稠，加盐调味，拌入煮好的意大利
面即可。

**快乐成长
好营养**

番茄肉末意面可以提
供钙、铁、优质蛋白质、
番茄红素和碳水化合
物等营养，有助于补
充体力、增强免疫力。

# 豇豆肉末面 1岁+

**材料** 猪瘦肉、面条各 60 克，鸡蛋 1 个，豇豆 40 克。

**调料** 盐适量。

**做法**

① 猪瘦肉洗净，切末；鸡蛋打散，炒熟后盛出；豇豆洗净，沸水焯熟后切丁。

② 锅内倒油烧热，下肉末翻炒至变色，放入豇豆丁和鸡蛋翻炒片刻，加盐调味，即为肉酱。

③ 将面条煮软后盛出，加适量肉酱拌匀即可。

**2 岁<sup>+</sup>**

# 菌菇蛤蜊面

**材料** 面条、白玉菇各 50 克，蛤蜊 100 克。

**调料** 盐 1 克，葱花 3 克。

**做法**

❶ 蛤蜊用淡盐水浸泡 2 小时，吐净泥沙，洗净；白玉菇洗净，切小段，焯水。

❷ 锅内倒油烧热，放入白玉菇段翻炒，倒入适量水烧开，下入面条煮熟，下入蛤蜊煮至开口，加盐调味，撒上葱花即可。

*快乐成长 好营养*

> 蛤蜊富含锌、钙、硒等，可促进儿童骨骼正常发育。搭配白玉菇，能促进大脑发育。

**10 月<sup>+</sup>**

# 荷香小米蒸红薯

**材料** 红薯 100 克，小米 30 克，荷叶 1 张。

**做法**

❶ 红薯去皮，洗净，切条；小米洗净，浸泡 30 分钟；荷叶洗净，铺在蒸屉上。

❷ 将红薯条在小米中滚一下，裹满小米，排入蒸笼中，蒸笼上汽后蒸 30 分钟即可。

*快乐成长 好营养*

> 红薯富含维生素 C、膳食纤维，小米富含 B 族维生素、碳水化合物。搭配食用可预防便秘，健胃消食，促进身体发育。

# 黄鱼小饼 1岁+

**材料** 黄鱼肉100克，牛奶30克，洋葱40克，鸡蛋1个。

**调料** 淀粉10克，盐适量。

**做法**

❶ 黄鱼肉洗净，剁成泥；洋葱洗净，切碎；鸡蛋打散备用。

❷ 将黄鱼肉泥、洋葱碎、鸡蛋液搅拌均匀，加牛奶、盐、淀粉搅匀成鱼糊。

❸ 平底锅倒油烧热，放入鱼糊煎至两面金黄即可。

## 蔬菜鸡蛋饼

**材料** 西葫芦、胡萝卜各70克，鸡蛋1个，面粉100克。

**调料** 葱花5克，盐1克。

**做法**

❶ 西葫芦洗净，擦成丝；胡萝卜洗净，去皮，擦成丝。

❷ 面粉中磕入鸡蛋，放入西葫芦丝、胡萝卜丝、适量清水、葱花、盐，搅拌均匀成面糊。

❸ 平底锅倒油烧热，将面糊均匀地铺在锅中，煎至两面熟透，盛出即可。

快乐成长
好营养

蔬菜鸡蛋饼含维生素C、胡萝卜素、蛋白质、卵磷脂等营养，有助于增强记忆力。

## 红枣南瓜发糕

**材料** 南瓜、面粉各100克，红枣2枚，酵母粉少许，葡萄干适量。

**做法**

❶ 南瓜洗净，去皮及瓤，切块，蒸熟，捣成泥，凉凉；红枣洗净，去核，切碎；酵母粉用温水化开并调匀；葡萄干洗净。

❷ 南瓜泥中加入面粉，倒入酵母水、适量清水揉成面团，放置发酵。

❸ 面团发至2倍大时，加红枣碎、葡萄干，上锅蒸30分钟，凉凉后切块即可。

快乐成长
好营养

红枣南瓜发糕含有膳食纤维、维生素C、胡萝卜素、碳水化合物等，有利于补充体力，保护眼睛。

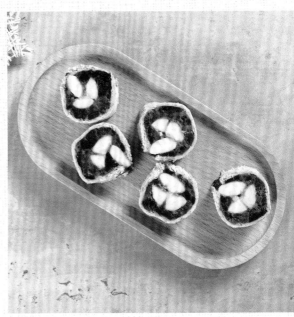

# 红枣花卷

**材料** 面粉200克，红枣3枚，酵母粉适量。

**做法**

① 酵母粉用适量温水化开并调匀；红枣洗净。

② 面粉中加入酵母水和成面团，发酵好后揉搓成长条，揪成剂子，擀成长片，刷一层植物油。

③ 在面片中间切一刀，不要完全切断，将面片沿未切断的一头卷好，用两只筷子横着沿面团两侧用力夹成花状，再翻转另一面，用筷子竖着夹一下，做成想要的形状，上面放上红枣，入锅蒸熟即可。

# 香蕉紫薯卷

**材料** 紫薯、香蕉各100克，吐司2片，牛奶30克。

**做法**

① 紫薯洗净，去皮，切块，蒸熟，放入碗中，加入牛奶，用勺子压成紫薯泥；香蕉去皮，切小段。

② 吐司切掉四边，用擀面杖擀平，取紫薯泥均匀涂在吐司上，放上香蕉段，卷起，切小段即可。

快乐成长 好营养

> 香蕉紫薯卷含膳食纤维、镁、钙等营养，能补钙壮骨、调理便秘。

# 猪肉茴香蒸包 `1.5岁+`

**材料** 猪肉 300 克，茴香、面粉各 200 克，酵母粉适量。

**调料** 盐、五香粉各 1 克，香油 2 克，生抽、葱末、老抽各适量。

**做法**

❶ 茴香洗净，控干，切末；猪肉洗净，切末，放入五香粉、香油、植物油、生抽、老抽、盐，向一个方向搅拌片刻，放入茴香末继续搅匀成馅料；酵母粉用温水化开并调匀。

❷ 面粉中放入酵母水，加入适量清水揉成面团，放置 2 小时，待面团发至 2 倍大，排气，待二次醒发。

❸ 将醒好的面团揉成粗细均匀的长条，用刀切成大小合适的小面团，用擀面杖擀成皮，包入馅料，即为包子生坯。

❹ 蒸锅烧开水，将包子生坯放入蒸笼，蒸 20 分钟即可。

## 10 月⁺

# 黑米面馒头

**材料**　面粉 200 克，黑米面 100 克，酵母适量。

**做法**

❶ 酵母用温水化开并调匀；面粉和黑米面倒入盆中，慢慢地加酵母水和适量清水搅拌均匀，揉成光滑的面团。

❷ 将面团平均分成若干小面团，制成馒头生坯，醒发 30 分钟，送入烧沸的蒸锅蒸 15~20 分钟即可。

*快乐成长
好营养*

黑米面馒头富含碳水化合物、B 族维生素、钾等，有助于增强体力、促进代谢。

## 1 岁⁺

# 鲅鱼饺子

**材料**　鲅鱼肉 100 克，芦笋、胡萝卜各 50 克，饺子皮 60 克。

**调料**　盐、香油、十三香各适量。

**做法**

❶ 鲅鱼肉洗净，切碎；芦笋和胡萝卜分别洗净，去皮，切丁。

❷ 将鲅鱼肉碎、胡萝卜丁、芦笋丁搅匀，加盐、十三香、香油拌匀，制成馅料。

❸ 将馅料放在饺子皮上，包成饺子生坯。

❹ 锅中加水烧开，下饺子生坯煮开，添 3 次水至完全熟透，捞出即可。

*快乐成长
好营养*

鲅鱼饺子含锌、优质蛋白质、胡萝卜素等营养，对儿童的大脑发育和长高都有帮助。

# 蔬菜蛋饼三明治 1.5岁+

**材料**　吐司2片，鸡蛋1个，柿子椒30克，番茄80克。
**调料**　葱花3克。

**做法**

❶ 柿子椒洗净，去蒂及子，切丁；番茄洗净，去皮，切丁。

❷ 将鸡蛋打散，加入柿子椒丁、番茄丁、葱花搅拌均匀成混合鸡蛋液。

❸ 平底锅倒油烧热，倒入混合鸡蛋液煎成蛋饼，依照吐司的大小切成方形。

❹ 将吐司切去四边，蛋饼夹在中间，对角切开即可。

快乐成长
好营养

蔬菜蛋饼三明治含有卵磷脂、维生素C、碳水化合物等营养，有助于大脑发育。

扫一扫 轻松学

## 荠菜虾仁馄饨

这款馄饨含膳食纤维、优质蛋白质、钙、铁等，能促进肠道蠕动，补充体力，有利于孩子长高。

**材料** 馄饨皮60克，鸡蛋1个，虾仁40克，荠菜100克，紫菜2克。

**调料** 生抽5克，盐1克，香油3克，葱花适量。

**做法**

❶ 鸡蛋打散，炒熟，盛出；虾仁洗净，去虾线，切碎；荠菜洗净，焯水，切末；紫菜撕碎。

❷ 鸡蛋液中加荠菜末、虾仁碎、盐、生抽、香油拌匀，制成馅料；取馄饨皮，包入馅料，做成馄饨生坯。

❸ 锅内加水烧开，倒碗中，放紫菜碎、香油调成汤汁。

❹ 另起锅，加清水烧开，下入馄饨生坯煮熟，捞入碗中，撒上葱花即可。

# 桂圆红枣豆浆 10月⁺

**材料** 黄豆、桂圆肉各 30 克，红枣 2 枚。

**做法**

❶ 黄豆洗净，浸泡 10 小时；红枣洗净，去核，切碎。

❷ 把黄豆、桂圆肉、红枣碎一同倒入全自动豆浆机中，加水至上下水位线之间，煮至豆浆机提示豆浆做好即可。

**快乐成长好营养**

桂圆红枣豆浆含有维生素 C、钙、优质蛋白质等营养，能促进食欲、增强大脑活力。

扫一扫 轻松学

**9**月<sup>+</sup>

# 百香金橘汁

**材料** 金橘、百香果各 50 克。

**做法**

❶ 金橘洗净，去皮及子，切块；百香果洗净，切开，取出果肉，放入杯中。

❷ 将金橘块放入榨汁机中，加入适量饮用水搅打均匀后倒入装有百香果果肉的杯中即可。

**9**月<sup>+</sup>

# 菠萝柚子汁

**材料** 柚子 30 克，菠萝 50 克。

**调料** 盐少许。

**做法**

❶ 柚子去皮及子，切小块；菠萝去皮，切小块，放入淡盐水中浸泡 15 分钟，捞出冲净。

❷ 将上述食材放入榨汁机中，加入适量饮用水搅打均匀即可。

快乐成长
好营养

这款饮品富含维生素 C，有利于铁吸收，还有开胃促食的作用。

快乐成长
好营养

这款饮品富含维生素 C、钾等，风味独特，能促进食欲。

## 核桃杏仁饮

**1岁⁺**

**材料** 杏仁 50 克，核桃仁 20 克。

**调料** 冰糖适量。

**做法**

❶ 将核桃仁、杏仁分别洗净，捣碎。

❷ 将核桃仁、杏仁一同入锅，加水煮沸，转小火焖 10 分钟，调入冰糖即可。

*快乐成长 好营养*

这款饮品含有蛋白质、膳食纤维、不饱和脂肪酸，能促进肠道蠕动、预防便秘、健脑益智。

## 牛油果苹果汁

**8月⁺**

**材料** 牛油果 40 克，苹果 60 克。

**做法**

❶ 苹果洗净，去皮及核，切丁；牛油果从中间切开，去核，取果肉。

❷ 将苹果丁、牛油果肉放入榨汁机中，加适量饮用水搅打均匀即可。

*快乐成长 好营养*

这款饮品富含维生素 C、维生素 E、不饱和脂肪酸等营养，能促进铁吸收，营养大脑。

# PART 4

# 重视不同阶段营养，
# 孩子个子高又聪明

0~3岁是孩子身高增长的第一个高峰期，孩子出生后第一年身高约增高25厘米，第二年约增高20厘米。对于孩子来说，0~3岁也是大脑神经细胞突触快速连接的关键时期。

### 饮食要点

1. 满6个月即可加辅食。

2. 1岁以内的孩子保持食物原味，尽量不添加糖、盐及各种调味品。1岁后，可加少许盐调味。

3. 尽可能让孩子尝试多种食物，可以将黄瓜等切成条块，训练孩子的抓握能力和咀嚼能力。

4. 随着孩子长大，可以与家人一起进食一日三餐，可尝试成人饭菜且鼓励孩子自主进食。

# 猪肝圆白菜卷 1.5岁⁺

**材料** 猪肝60克，豆腐100克，胡萝卜、圆白菜叶各50克。

**调料** 盐1克，淀粉适量。

**做法**

❶ 猪肝去筋膜，切片，浸泡30分钟，洗净，蒸熟，放料理机中打碎；豆腐洗净，切碎；胡萝卜洗净，去皮，切碎。

❷ 将胡萝卜碎、猪肝碎和豆腐碎一起放入碗中，加盐、淀粉调匀制成馅料；圆白菜叶用开水烫软、平铺，中间放入馅料，卷起包住，用淀粉封口。

❸ 将猪肝圆白菜卷放入蒸锅中蒸熟即可。

快乐成长 好营养

这道菜含有钙、铁、维生素A、维生素C、膳食纤维、优质蛋白质等，能预防便秘，促进大脑发育。

# 番茄鳕鱼泥  8月+

**材料** 番茄、鳕鱼各 100 克。

**做法**

① 鳕鱼洗净，去皮及刺，用料理机打成泥；番茄洗净，去皮，用料理机打成泥。

② 平底锅放油烧热，倒入番茄泥翻炒均匀，放入鳕鱼泥快速搅拌均匀，炒至鱼肉熟透即可。

快乐成长 好营养

> 这道菜含有丰富的维生素 D、番茄红素、DHA、优质蛋白质等营养，有利于强健骨骼和牙齿。

# 奶香土豆泥 1岁+

**材料** 土豆 150 克，牛奶 30 克，松子仁 10 克。

**调料** 盐、胡椒粉各 1 克。

**做法**

① 土豆去皮，洗净，切块，放入蒸锅蒸 20 分钟，取出，加入适量牛奶、盐、胡椒粉，捣成土豆泥。

② 平底锅倒油烧热，炒香松子仁，撒在土豆泥上即可。

快乐成长 好营养

> 土豆含有维生素 C、膳食纤维，搭配富含钙、优质蛋白质的牛奶，能促进骨骼和智力发育。

扫一扫 轻松学

7月⁺

# 西葫芦烂面条

**材料** 西葫芦 100 克，面条 80 克。

**做法**

❶ 西葫芦洗净，去皮及瓤，切薄片，用沸水烫熟后用料理机打成泥。

❷ 将面条掰成小碎段，放入沸水中煮至软烂后捞出，放入西葫芦泥拌匀即可。

快乐成长 好营养

西葫芦烂面条含有维生素 C、膳食纤维、碳水化合物等营养，能提供热量和生长发育的必要支持。

1.5岁⁺

# 虾仁乌冬面

**材料** 乌冬面 100 克，虾仁、番茄各 50 克，冬瓜 80 克。

**调料** 盐 1 克。

**做法**

❶ 番茄洗净，去皮，切小块；冬瓜洗净，用勺挖成冬瓜球；虾仁洗净，去虾线。

❷ 锅内倒油烧热，放入番茄块炒出汤汁，加适量水，烧开后放入虾仁、冬瓜球，再放入乌冬面煮熟，加盐调味即可。

快乐成长 好营养

虾仁乌冬面含有钙、锌、优质蛋白质等营养，能促进骨骼和大脑发育。

# 红豆南瓜银耳羹

**材料** 水发银耳 80 克，红豆 20 克，南瓜 50 克。

**做法**

① 水发银耳洗净，切小朵；红豆洗净，浸泡 4 小时；南瓜洗净，去皮及瓤，切小丁。

② 将银耳和红豆放入锅中，加稍微没过食材的清水，盖上盖，大火烧开后转中火煮 1 小时，再放入南瓜丁，煮至南瓜软烂即可。

4~9 岁，生长速度减慢并保持稳定，平均每年身高增长 5~7 厘米。除了饮食、睡眠、运动、心理、环境等因素，也会影响孩子的身高和智力。

### 饮食要点

1. 鼓励多饮奶，建议每天饮奶 300 毫升或相当量的奶制品。

2. 食物应合理烹调，易于消化，少调料、少油炸，足量饮水，不喝含糖饮料。

3. 零食与加餐结合，选新鲜、天然、易消化的零食，少吃油炸食品和膨化食品。

4. 不偏食、不挑食、不暴饮暴食，保持适宜体重。

# 五香酱牛肉

**材料** 牛肉 500 克。

**调料** 姜片、蒜片、葱段、盐、料酒、老抽、花椒、香叶、大料、白芷、丁香、葱花各适量。

**做法**

① 牛肉洗净，扎小孔，以便腌渍入味，放姜片、蒜片、葱段、盐、料酒，抓匀后腌渍 2 小时。

② 锅内倒油烧热，放老抽炒匀，加适量清水，放牛肉，倒入腌渍牛肉的汁，大火煮开，撇去浮沫，倒入花椒、香叶、大料、白芷、丁香，中小火煮至牛肉用筷子能顺利扎透即可关火。

③ 煮好的牛肉继续留在锅内自然凉凉，捞出沥干，切片，点缀葱花即可。

注：酱牛肉一次可多做点儿，做好分小袋冷冻，吃时取出直接蒸透即可。

快乐成长 好营养

五香酱牛肉含有容易吸收的钙、铁、锌、优质蛋白质等营养，能促进骨骼钙化、助力长高。

# 扇贝南瓜汤

**材料**　扇贝 400 克，南瓜 100 克，洋葱 40 克，松子仁 10 克。

**调料**　橄榄油、黄油各 2 克，盐、黑胡椒各适量。

**做法**

① 扇贝去壳取肉，洗净；南瓜去皮及瓤，切丁；洋葱洗净，切丁；松子仁放入黄油锅中炒香。

② 锅内倒橄榄油烧热，放入南瓜丁、洋葱丁翻炒 2 分钟，倒入适量水，煮至南瓜丁变软，加入盐、黑胡椒粉调味。

③ 将煮好的南瓜、洋葱放入料理机中打成泥，放入碗中。

④ 另起锅，倒油烧热，放入扇贝肉煎熟，放在打好的泥上，撒上松子仁即可。

# 蒜蓉蒸虾

**材料**　虾 200 克。

**调料**　葱花、蒜末、姜片各 5 克，料酒、蒸鱼豉油各 4 克。

**做法**

① 将虾切开虾背，去虾线，加料酒、姜片腌渍 10 分钟。

② 蒸锅烧开水，放入虾，蒸 5 分钟。

③ 锅内倒油烧热，放入蒸鱼豉油、蒜末炒香，浇在虾上，撒上葱花即可。

这道菜富含钙、蛋白质，有助于促进骨骼发育。

# 圆白菜炒肉片

**材料**　圆白菜 200 克，猪瘦肉 100 克。

**调料**　酱油、盐、白糖各 2 克，葱丝、姜丝各适量。

**做法**

❶ 圆白菜洗净，撕小片；猪瘦肉洗净，切薄片，焯水备用。

❷ 锅内倒油烧热，加入葱丝、姜丝爆香，放入肉片煸炒，再放入圆白菜片，大火快炒至熟，放酱油、白糖、盐炒匀即可。

这道菜含有铁、钙、维生素 C、膳食纤维等营养，能补钙固齿、缓解便秘。

# 山药炒虾仁

**材料**　虾仁、山药各 80 克，水发木耳 50 克，柿子椒 30 克。

**调料**　蚝油 4 克，蒜片适量。

**做法**

❶ 虾仁洗净，去虾线；山药洗净，去皮，切片；柿子椒洗净，去蒂及子，切片；水发木耳洗净，焯水。

❷ 锅内倒油烧热，放入蒜片爆香，放入山药片翻炒，再加入木耳、虾仁翻炒，加入柿子椒片略炒，加蚝油调味即可。

这道菜含钙、锌、优质蛋白质等营养，有助于长高。

# 紫薯发糕

**材料**　面粉、紫薯各 100 克，牛奶 80 克，葡萄干少许，
　　　　酵母粉 2 克。

**调料**　白糖 5 克。

**做法**

① 紫薯洗净，去皮，蒸熟，趁热用勺子压成泥，加入牛奶、
　白糖，用搅拌机搅打成糊状；酵母粉用温水化开并搅匀。

② 将面粉、紫薯牛奶糊、酵母水混合均匀即为面糊。

③ 模具内用刷子刷一层油，将面粉糊倒入模具中，抹平，覆
　上保鲜膜，30℃左右发酵 2 小时，至面团膨胀至 2 倍大。

④ 蒸锅烧开水，将模具放入蒸锅中，在发酵好的面糊上撒
　葡萄干，大火蒸 25 分钟，出锅切块即可。

紫薯发糕含有膳食纤维、花青素、碳水化合物、钙等营养，有助于补充体力、提高抗病力。

10~18 岁的孩子进入了青春期，进入身高增长的第二个高峰期。生长速度开始再次加快，可以在营养均衡的基础上，多补充蛋白质、钙、铁等，这样才能为青春期的成长提供足够的营养。

**饮食要点**

1. 青春期的孩子长身体需要有充足的热量供应。主食应粗细搭配，减少精制米面，适当增大饭量。

2. 补充优质蛋白质，如瘦畜肉、去皮禽肉、鱼肉、奶类等；注意补钙，多食奶及奶制品、大豆及其制品等。青春期少女月经来潮，注意补铁，如瘦肉、动物肝、动物血等都是不错的选择。

# 美味炖鱼

**材料** 草鱼 300 克，五花肉 30 克。

**调料** 盐 1 克，姜片、蒜片、葱花、生抽、醋、老抽各 5 克，大料、桂皮、淀粉各适量。

**做法**

1️⃣ 五花肉洗净，切片；草鱼处理干净，用厨房纸巾擦干水分，切块，鱼块上裹淀粉，放油锅中煎至两面金黄，捞出。

2️⃣ 锅内倒油烧热，放入五花肉片煸炒，放入姜片、蒜瓣、大料、桂皮炒出香味，放入生抽、老抽、醋和适量清水，大火煮开。

3️⃣ 下入煎好的鱼，大火收汁后，加盐调味，撒上葱花即可。

快乐成长
好营养

这道菜含有钙、铁、锌及优质蛋白质，有助于增强体力，预防营养不足。

扫一扫 轻松学

# 秋葵炒鸡丁

**材料** 秋葵150克，鸡胸肉、红彩椒各70克。

**调料** 盐、生抽各适量。

**做法**

❶ 秋葵洗净，切小段；鸡胸肉洗净，切丁；红彩椒洗净，去蒂及子，切小块。

❷ 锅内倒油烧热，放入鸡丁翻炒至变色，放入秋葵段、红彩椒块炒至断生，淋上生抽，加盐调味即可。

这道菜含有蛋白质、维生素C、B族维生素、锌、磷等营养，可促进骨骼和大脑发育。

# 荞麦蒸饺

**材料** 荞麦粉150克，韭菜100克，虾仁50克，鸡蛋1个。

**调料** 姜末适量，盐、香油各2克。

**做法**

❶ 韭菜洗净，切末；虾仁洗净，去虾线，切小丁；鸡蛋打散，炒熟盛出。

❷ 将韭菜末、虾仁丁、鸡蛋、姜末放入盆中，加盐、香油拌匀制成馅。

❸ 荞麦粉加适量温水和成面团，下剂，擀成饺子皮，包入馅，做成饺子生坯，送入烧沸的蒸锅中大火蒸20分钟即可。

荞麦蒸饺含膳食纤维、碳水化合物、维生素C，饱腹感强，帮助预防肥胖，为长高益智奠基。

# 虾皮小白菜

**材料** 小白菜 200 克，虾皮 5 克。

**调料** 蒜末 5 克，盐 1 克。

**做法**

❶ 小白菜洗净，切段。

❷ 锅内倒油烧热，煸香虾皮、蒜末，放入小白菜段煸炒至熟，加盐调味即可。

# 双椒鱿鱼

**材料** 鱿鱼 100 克，柿子椒、黄彩椒各 70 克，洋葱 30 克。

**调料** 盐 1 克，生抽 5 克，葱段、姜片各适量。

**做法**

❶ 鱿鱼洗净，切花刀，焯水，沥干；柿子椒、黄彩椒洗净，去蒂及子，切块；洋葱洗净，切片。

❷ 锅内倒油烧热，炒香葱段、姜片，加入洋葱片、鱿鱼、柿子椒块、黄彩椒块爆炒，加入生抽、盐调味即可。

# 麻酱豇豆

**材料** 豇豆 200 克，芝麻酱 10 克。

**调料** 盐 1 克。

**做法**

❶ 豇豆去老筋，洗净，切寸段，放入沸水中煮 10 分钟，捞出沥干，放在碗中。

❷ 将芝麻酱加少许饮用水、盐调匀，淋在豇豆上拌匀即可。

PART

5

# 吃对四季营养餐，
# 孩子更高、更聪明

# 荠菜豆腐羹 1岁+

**材料** 荠菜、豆腐各 100 克，猪瘦肉 50 克。

**调料** 蒜末 5 克，盐 1 克，淀粉适量。

**做法**

① 荠菜洗净，切碎；豆腐洗净，切块；猪瘦肉洗净，切丝，加入淀粉腌渍 5 分钟。

② 锅内倒油烧热，放入蒜末爆香，放入肉丝翻炒，再加适量清水、豆腐块煮开，加入荠菜碎略煮，加盐调味即可。

快乐成长
好营养

豆腐富含钙、优质蛋白质，猪肉富含铁，搭配含膳食纤维和维生素 C 的荠菜，营养丰富，润肠通便、强健骨骼。

春季是孩子一年中长个儿最快的季节，家长要把握住这个黄金季节。春天，人体新陈代谢旺盛，生长激素分泌增多，孩子的消化吸收能力也会增强，进食量会增加，身体会迅速生长。

**饮食要点**

1. 春季容易感到疲乏，即所谓"春困"。可让孩子适当多摄入鱼、鸡蛋、瘦肉、虾、鸡肉、小米、红豆、奶制品等富含蛋白质的食物，以补充体力。

2. 春季容易出现"倒春寒"，选用黄豆、芝麻、花生、核桃等食物，以便及时补充热量，抵御春寒。

扫一扫 轻松学

 **1.5岁+**

# 清炒苋菜

**材料** 苋菜 200 克。

**调料** 盐 1 克，蒜碎 5 克。

**做法**

❶ 苋菜洗净，稍焯，过凉，中间切一刀。

❷ 锅内放油烧热，下蒜碎爆香，放入苋菜段翻炒，加盐调味即可。

 **1岁+**

# 香椿摊鸡蛋

**材料** 香椿 150 克，鸡蛋 1 个。

**调料** 盐 1 克。

**做法**

❶ 香椿洗净，焯水，切末；鸡蛋打散，放入香椿末、盐，搅匀成香椿蛋液。

❷ 锅内倒油烧热，将香椿蛋液倒入锅中，摊成蛋饼即可。

*快乐成长 好营养*

这道菜富含维生素 K、维生素 C，能帮助体内的钙沉积到骨骼中，提升补钙效果。

*快乐成长 好营养*

这道菜含有优质蛋白质、卵磷脂、维生素 C 等，能促进大脑发育。

163

## 核桃莴笋

**1岁+**

**材料** 莴笋 100 克，核桃仁 50 克。
**调料** 鸡汤 300 克，盐、香油各少许。
**做法**

1. 莴笋去皮，洗净，切长段，挖空 2/3；核桃仁炒熟，盛出，碾碎。
2. 锅内倒鸡汤烧开，加盐、莴笋段煮熟，捞出沥干。
3. 将莴笋段挖空处填入核桃碎，淋上香油即可。

快乐成长好营养

这道菜能帮助儿童补脑益智、保护视力、维护心脏健康。

## 白灼芦笋

**1.5岁+**

**材料** 芦笋 150 克，红彩椒 20 克。
**调料** 葱白丝 10 克，蒸鱼豉油 2 克。
**做法**

1. 芦笋洗净，去老根，切段；红彩椒洗净，去蒂及子，切丝，略焯。
2. 锅内加适量清水烧沸，放入芦笋段焯烫至熟，捞出过凉。
3. 将芦笋段摆入盘中，淋上蒸鱼豉油，撒上葱白丝和红彩椒丝拌匀即可。

快乐成长好营养

这道菜富含维生素 C、硒、膳食纤维等，有助于调节免疫力，改善肠道功能。

韭菜豆渣饼富含钙、优质蛋白质、膳食纤维、碳水化合物等，有助于预防便秘、强健骨骼。

# 韭菜豆渣饼 1.5岁⁺

**材料** 黄豆渣 50 克，玉米面 80 克，韭菜 40 克，鸡蛋1 个。

**调料** 盐 1 克，香油 2 克。

**做法**

❶ 韭菜洗净，切碎；黄豆渣、玉米面混合均匀，磕入鸡蛋，加入韭菜碎，调入盐和香油搅匀，团成团，压成小饼状。

❷ 平底锅中倒少许油烧热，放入小饼，小火烙至一面金黄后翻面，烙至两面金黄即可。

扫一扫 轻松学

孩子放暑假了，学业负担减轻，也没平时那么紧张，心情也好了，自然也睡得好，生长激素就分泌得多。所以，暑假也是孩子生长发育的小高峰，家长要注意为孩子合理搭配膳食。

## 饮食要点

1. 夏天天热，会影响胃口，可以每天变着花样，荤素搭配，给孩子做些不同的食物，保证孩子对食物的兴趣。

2. 注意奶制品的补充，多喝水，限制冷饮摄入量，并保证钙、钾等矿物质的摄入。

# 老鸭薏米煲冬瓜 2.5岁⁺

**材料** 冬瓜 150 克，老鸭 200 克，薏米 30 克。

**调料** 陈皮、姜片各 3 克，盐 1 克。

**做法**

❶ 薏米洗净，放清水中浸泡 4 小时；冬瓜洗净，去皮及瓤，切块；老鸭洗净，切块，冷水入锅，煮开去污，凉水洗净。

❷ 将老鸭块、薏米、陈皮、姜片放入锅中，加入适量清水，大火烧开，转小火炖 1 小时，放入冬瓜块炖 20 分钟，放盐调味即可。

**快乐成长 好营养**

鸭肉富含优质蛋白质、B 族维生素、钾，有助于补充体力、促进代谢。夏天湿气重，比较适合吃鸭肉，搭配薏米食用，还能祛湿。

扫一扫 轻松学

 **1岁⁺**

# 蒜蓉蒸茄子

**材料** 茄子 200 克，蒜蓉 30 克。

**调料** 盐、葱花各适量，酱油少许。

**做法**

❶ 茄子洗净，从中间剖开划几刀，放入盘中。

❷ 锅内倒油烧热，放蒜蓉、葱花爆香，加入盐、酱油制成酱汁。

❸ 将爆香的酱汁浇在茄子上，放入蒸笼，大火蒸 10 分钟后取出即可。

 快乐成长好营养

> 这道菜含芦丁、花青素、钾等，能提高抗病力、助力健康成长。

## 1.5岁⁺

# 什锦烩面

**材料** 鲜香菇、虾仁、胡萝卜、黄瓜、玉米粒各 30 克，手擀面 100 克。

**调料** 姜末、生抽、香油各少许。

**做法**

❶ 鲜香菇洗净，切丁；虾仁洗净，去虾线；胡萝卜、黄瓜分别洗净，切丁；玉米粒洗净。

❷ 锅内倒油烧热，放入姜末炒香，放入香菇丁、胡萝卜丁、黄瓜丁、虾仁和玉米粒翻炒至熟，加适量水煮开。

❸ 手擀面放入锅中煮熟，加生抽、香油调味即可。

 快乐成长好营养

> 什锦烩面含有钙、锌、维生素 D、维生素 C、玉米黄素等，能健骨增高、保护视力。

# 凉拌红薯叶

**材料** 红薯叶 200 克。

**调料** 生抽、蒜末各 3 克，醋 4 克，
盐 1 克，香油 2 克。

**做法**

① 红薯叶洗净，放入沸水中焯熟，捞出
沥干，装入盘内。

② 加盐、生抽、蒜末、醋拌匀，淋上
香油即可。

快乐成长
好营养

这道菜含有胡萝卜素、维生素 C、钾、
钙、膳食纤维等，有助于提高抗病力。

# 苦瓜煎蛋

**材料** 鸡蛋 1 个，苦瓜 150 克。

**调料** 葱末、盐、胡椒粉各适量。

**做法**

① 苦瓜洗净，去子，切丁，焯水；鸡蛋打
散；将苦瓜丁和鸡蛋液混匀，加葱末、
盐和胡椒粉搅拌均匀。

② 锅内倒油烧至六成热，倒入调好的蛋
液，煎至两面金黄即可。

快乐成长
好营养

这道菜含有维生素 C、钾、卵磷脂、
优质蛋白质等，开胃促食、滋阴润燥。

# 蓝莓山药 10月+

**材料** 山药 150 克，蓝莓酱适量。

**做法**

❶ 山药洗净，去皮，切长条，放入沸水中煮熟，捞出凉凉。

❷ 将山药条摆在盘中，淋上蓝莓酱即可。

山药含蛋白质、黏液质等，蓝莓含维生素 C、花青素等。二者搭配可以健脾养胃、促进食欲、保护眼睛。

扫一扫 轻松学

人们在经历了夏日酷暑后，秋季的凉爽让人备感舒适，胃口也好了起来。宜人的秋季也是锻炼身体的黄金季节。秋季，孩子的生长激素分泌相对较少，家长如果发现孩子增长缓慢，也别太焦虑。"秋冬进补，来年打虎"，此时更需要家长的细致照顾。

### 饮食要点

1. 秋季是丰收的季节，很多新鲜蔬果都上市了，可适当选择适合孩子的品种。

2. 秋季饮食应注重滋阴润燥，确保营养均衡，增加蛋白质的摄入。

# 海带结炖腔骨 2岁+

**材料** 海带结 100 克，腔骨 300 克。

**调料** 盐 1 克，姜片 5 克，葱末少许。

**做法**

❶ 海带结洗净；腔骨剁成小块，洗净，冷水下锅焯水，煮至没有血水，捞出洗净。

❷ 砂锅置火上，加入腔骨，倒入海带结、姜片及适量水，大火煮开后转小火煮 50 分钟，加盐调味，撒葱末即可。

**快乐成长好营养**

海带富含钙、碘、膳食纤维等，搭配含有钙、铁、蛋白质的腔骨，促进营养吸收。

扫一扫 轻松学

**1.5岁⁺**

# 百合炖雪梨

**材料** 雪梨 150 克，干百合 10 克。

**调料** 冰糖适量。

**做法**

❶ 雪梨洗净，去核，连皮切块。

❷ 锅内倒入适量清水，加入雪梨块、泡好的百合大火烧开，转小火慢炖 30 分钟，加冰糖煮化即可。

**2岁⁺**

# 红菇炖鸡

**材料** 鸡肉 300 克，红菇 50 克。

**调料** 葱段、姜片各 5 克，料酒适量，盐 2 克。

**做法**

❶ 鸡肉洗净，切块，焯水；红菇洗净。

❷ 锅内倒油烧热，炒香葱段、姜片，放入鸡块、料酒翻炒，加入适量清水小火慢炖 1 小时，加入红菇，继续炖 10 分钟，加盐调味即可。

快乐成长
好营养

雪梨富含果胶、钾等，搭配百合，能增强食欲、促进新陈代谢，还可滋阴润肺、缓解秋冬咽部不适。

快乐成长
好营养

红菇可滋阴、补肺、健脑，鸡肉可缓解疲劳、滋补养身。二者搭配可提供丰富的营养，补虚养血，助力成长。

扫一扫 轻松学

扫一扫 轻松学

## 1.5 岁+

# 菠萝什锦饭

**材料** 菠萝 200 克，鸡蛋 1 个，豌豆、玉米粒各 20 克，金针菇、胡萝卜、洋葱各 30 克，米饭 80 克。

**调料** 盐适量。

**做法**

❶ 菠萝洗净，底部切掉，从 1/3 处切开，挖出菠萝肉，切小块。

❷ 鸡蛋打散备用；洋葱去老皮，切丁；胡萝卜洗净，去皮，切丁；豌豆、玉米粒分别洗净，焯熟；金针菇洗净，切掉根部，焯熟，切小段。

❸ 平底锅放油烧热，放入洋葱丁、胡萝卜丁、豌豆、玉米粒、金针菇段翻炒，再倒入米饭炒至略显金黄，倒入菠萝块和鸡蛋液，大火翻炒至鸡蛋凝固，加盐调味，盛到菠萝壳中即可。

## 2 岁+

# 清炒扁豆丝

**材料** 扁豆 200 克。

**调料** 蒜末 5 克，盐 2 克。

**做法**

❶ 扁豆去老筋，洗净沥干，切丝。

❷ 锅内倒油烧热，放入蒜末煸香，放入扁豆丝翻炒，加盐调味即可。

快乐成长
好营养

这道菜含有钾、维生素 C、B 族维生素和蛋白质等，能提振食欲，促进新陈代谢。

这道菜可提供丰富的
维生素 C、硒、钾、
膳食纤维等营养，清热
滋阴，很适合秋天食用。

# 上汤娃娃菜 1.5 岁⁺

**材料**　娃娃菜 150 克，草菇 30 克，枸杞子 5 克。

**调料**　葱花、姜丝各适量，盐少许。

**做法**

1. 娃娃菜去老帮，对半切开，一片片洗净后焯熟，盛出；草菇洗净，切小块；枸杞子洗净。

2. 锅内倒油烧热，放葱花和姜丝煸出香味，加清水煮开，下草菇块煮 10 分钟，加盐调味，将其倒在娃娃菜上，点缀枸杞子即可。

许多家长认为春天是孩子长高的季节，却忽略孩子冬天的养护。冬天营养搭配不合理、运动不足，同样会影响孩子长个儿。

**饮食要点**

1. 适当摄入高蛋白、高碳水食物以增加热量、抵御寒冷，如羊肉、牛肉、鱼肉、土豆、红薯等。

2. 冬主水，通于肾。立冬后，给孩子调补肾脏是这个季节的主题。可给孩子适当吃点黑米、小米、黑豆、芝麻、板栗等。

# 红烧羊排 3岁+

**材料** 羊排 250 克，胡萝卜、土豆各 80 克。

**调料** 葱末、姜末、蒜末、料酒、冰糖各 5 克，盐 1 克，大料 1 个，香叶 2 克。

**做法**

1. 羊排洗净，剁段，凉水下锅，焯水捞出；胡萝卜、土豆洗净，去皮，切块。

2. 锅内倒油烧热，放冰糖炒出糖色，放葱末、姜末、蒜末炒匀，下羊排翻炒，加大料、香叶、料酒和适量清水。

3. 大火煮开，转小火烧至八成熟，再放入胡萝卜块、土豆块烧至熟烂，加盐调味即可。

扫一扫 轻松学

**1岁⁺**

# 鲫鱼蒸滑蛋

**材料** 鲫鱼 250 克（1 条），鸡蛋 1 个。

**调料** 料酒、盐各适量。

**做法**

❶ 鲫鱼处理干净，两面打花刀，加料酒、盐腌渍。

❷ 鸡蛋打散，倒入适量水，加少许油搅匀。

❸ 将鲫鱼放在鸡蛋液中，上屉，大火蒸 15 分钟即可。

**2岁⁺**

# 杏鲍菇炒肉片

**材料** 杏鲍菇 200 克，猪瘦肉 70 克，黄彩椒、红彩椒各 30 克。

**调料** 蚝油 3 克，淀粉、生抽各适量。

**做法**

❶ 杏鲍菇洗净，切片；猪瘦肉洗净，切片，加淀粉、生抽腌渍 10 分钟；红彩椒、黄彩椒分别洗净，去蒂及子，切片。

❷ 锅内倒油烧热，下肉片和红彩椒片、黄彩椒片炒散，放入杏鲍菇片翻炒至熟软，加蚝油调味即可。

快乐成长
好营养

鲫鱼和鸡蛋均含有丰富的蛋白质、硒等，且易被人体吸收，有助于大脑发育。

快乐成长
好营养

杏鲍菇和猪肉均含有丰富的蛋白质及矿物质。这道菜口味咸香，促进食欲。

# 山楂藕片 1岁+

**材料** 山楂 50 克，莲藕 100 克。

**调料** 冰糖 5 克。

**做法**

1. 山楂洗净，去蒂及核，对切两半；莲藕去皮，洗净，切薄片。
2. 锅中放少量水，倒入山楂、冰糖，大火煮开后转小火熬煮成黏稠的山楂酱。
3. 另起锅，加适量水煮沸，放入藕片焯熟，捞出沥干，装盘，淋上山楂酱即可。

扫一扫 轻松学

# 茄汁菜花 1岁+

**材料** 菜花、番茄各 100 克。

**调料** 盐少许。

**做法**

1. 菜花洗净，去老梗，切小朵，用沸水焯熟；番茄洗净，去皮，切块。
2. 锅内倒油烧热，放入番茄块翻炒至出汤，倒入菜花炒软，加盐调味即可。

# 萝卜蒸糕 1岁+

**材料** 大米粉 80 克，胡萝卜 40 克，白萝卜 150 克。

**调料** 盐少许。

**做法**

1. 白萝卜、胡萝卜洗净，切丝，加盐腌 5 分钟，挤干；大米粉加水调成米糊。
2. 锅内倒油烧热，倒入胡萝卜丝、白萝卜丝翻炒，倒入大米糊搅拌均匀。
3. 取蒸碗，倒入萝卜米糊，蒸 30 分钟，取出凉凉，切块即可。

PART

6

# 特效功能食谱，
# 少生病，长得快

# 荸荠生菜雪梨汁 9月⁺

**材料** 荸荠 300 克，雪梨 200 克，生菜 50 克。

**做法**

❶ 荸荠洗净，去皮，切小块；雪梨洗净，去皮及核，切丁；生菜洗净，切片，略焯。

❷ 将上述食材倒入榨汁机中，倒入少量饮用水搅打均匀即可。

快乐成长
好营养

这款饮品含有钾、维生素 C、膳食纤维等，能预防和调理孩子便秘。

孩子若长期便秘，容易导致营养缺乏。粪便久积于肠道，会再次发酵，产生大量有毒物质，对身体产生不良影响，不仅记忆力会变差，思维能力也会受影响。

## 饮食要点

1. 适当增加膳食纤维的摄入。日常可以给孩子吃点生菜、西蓝花、雪梨、西梅、玉米、糙米、红豆等食物。

2. 少量多次饮水，保证足够的饮水量。2~3 岁孩子每天建议饮水 600~700 毫升，4~5 岁每天建议饮水 700~800 毫升，6~18 岁每天建议 800~1400 毫升。

扫一扫 轻松学

 **2岁⁺**

# 西梅三明治

**材料** 全麦面包 70 克，西梅 60 克，火腿
20 克，生菜 50 克。

**做法**

❶ 全麦面包切去四边备用；西梅去核；生
菜洗净。

❷ 将西梅果肉用擀面杖压扁，均匀铺在面
包片上，铺上火腿和生菜叶，盖上另一
片面包片即可。吃时可对角线切开。

西梅三明治含有丰富的维生素以及膳
食纤维，可以促进排便，而且酸甜可口，
还可促进食欲。

 **1岁⁺**

# 冬瓜火龙果汁

**材料** 冬瓜 200 克，火龙果 150 克，芦笋
100 克。

**调料** 蜂蜜适量。

**做法**

❶ 冬瓜洗净，去皮及瓤，切小块，略焯；
芦笋洗净，去老根，切小段，焯熟捞
出；火龙果去皮，切小块。

❷ 将处理好的食材放入榨汁机中，加适量
饮用水搅打均匀，倒入杯中，加入蜂蜜
调匀即可。

这款饮品含有丰富的果胶，能刺激肠
道蠕动，缓解便秘。

缺铁性贫血会导致孩子厌食，影响长个儿，也会影响孩子的记忆力和智力。此外，贫血的孩子免疫力往往都不好，容易生病，间接影响孩子的身高和智力发育。

## 饮食要点

1. 补铁应该首选动物性食物，比如牛肉、动物肝脏、动物血等。

2. 一些含铁量比较高的植物性食物可以作为补铁的次要选择，如菠菜、芹菜、油菜、苋菜、韭菜、芝麻、木耳、樱桃、橙子等。

3. 应适当食用鲜枣、刺梨、柿子椒、大白菜等富含维生素 C 的食物，可促进铁吸收。

# 胡萝卜烩木耳 2岁+

**材料** 胡萝卜 200 克，水发木耳 50 克。

**调料** 盐 1 克，葱末、姜丝各 5 克。

**做法**

❶ 胡萝卜洗净，切片；水发木耳洗净，撕小朵，焯水。

❷ 锅内倒油烧热，爆香葱花、姜丝，放入胡萝卜片翻炒 2 分钟，加入木耳翻炒至熟，加盐调味即可。

**快乐成长 好营养**

> 这道菜含膳食纤维、铁、胡萝卜素、维生素 C 等，能促进肠道蠕动，辅助预防缺铁性贫血。

# 彩椒炒牛肉 2岁+

**材料** 牛肉100克，柿子椒、红彩椒各50克。

**调料** 姜丝、姜片各3克，盐1克。

**做法**

❶ 牛肉洗净，切片；柿子椒、红彩椒洗净，切条。

❷ 锅内倒油烧热，放入姜丝、姜片爆香，放入牛肉片炒至变色，加入柿子椒条、红彩椒条翻炒至熟，加盐调味即可。

**快乐成长 好营养**

牛肉富含铁、锌、蛋白质，彩椒富含维生素C。二者搭配能促进肠道对铁的吸收，预防和调理贫血。

# 木耳鸭血汤 1.5岁+

**材料** 鸭血150克，水发木耳40克。

**调料** 姜末、香菜段各5克，盐、胡椒粉各1克，水淀粉、香油各少许。

**做法**

❶ 鸭血洗净，切厚片；水发木耳洗净，撕小朵。

❷ 锅置火上，加适量清水，煮沸后放入鸭血片、木耳、姜末，再次煮沸后转中火煮10分钟，用水淀粉勾芡，撒上胡椒粉、香菜段，加盐调味，淋上香油即可。

**快乐成长 好营养**

鸭血富含铁、优质蛋白质，搭配木耳，能帮助缓解缺铁性贫血，促进生长发育。

# 消化不良

孩子消化好、吃饭香、吸收棒，身体才能健康。但有的孩子消化吸收不佳、胃口差，影响身体对食物营养的吸收和利用。若长期如此，容易导致孩子发育迟缓。

## 饮食要点

1. 适当吃一些健脾胃、助消化的食物，如板栗、莲子、小米、胡萝卜、土豆、南瓜、山药等。

2. 酸奶、山楂、苹果、菠萝、木瓜、猕猴桃、番茄等食物中含有各种有机酸或分解酶等，可以促进食物消化，有助于改善消化不良。

## 板栗莲子山药粥 1.5 岁<sup>+</sup>

**材料** 大米 40 克，板栗肉、山药各 70 克，莲子 10 克。

**做法**

❶ 大米洗净；板栗肉洗净；山药去皮，洗净，切小块；莲子洗净，浸泡 4 小时。

❷ 将大米、莲子、板栗肉、山药块一同放入电饭锅中，加适量水，按下"煮粥"键，煮熟即可。

**快乐成长 好营养**

板栗和山药都有健脾养胃功效，加入莲子可清胃火、消积食，脾胃虚弱的孩子可以经常食用。

# 蔬果养胃汤

**材料**　南瓜、胡萝卜各50克，苹果80克，番茄40克。

**调料**　盐1克。

**做法**

❶ 南瓜洗净，去皮及瓤，切丁；胡萝卜、番茄分别洗净，去皮，切丁；苹果洗净，去皮及子，切丁。

❷ 锅内倒油烧热，放入南瓜丁、胡萝卜丁、番茄丁炒软，加适量清水，放入苹果丁，大火煮熟，转中火熬煮20分钟，加盐调味即可。

**快乐成长 好营养**

南瓜、胡萝卜、苹果、番茄搭配，酸甜可口、健脾开胃、化食消积、增强食欲。

# 奶香山药松饼

**材料**　山药100克，牛奶、面粉各50克，鸡蛋1个。

**做法**

❶ 山药洗净，去皮，切段；鸡蛋打散备用。

❷ 将山药段放在蒸锅中蒸熟，取出，放入少许牛奶，压成山药泥。

❸ 在山药泥中加入面粉、剩余牛奶、鸡蛋液搅拌成面糊。

❹ 平底锅小火加热，将面糊用小勺舀至锅内，摊成小圆饼，待两面金黄即可。

**快乐成长 好营养**

奶香山药松饼松软可口，有健脾开胃的作用。

## 腺样体肥大

### 影响呼吸和长高

儿童鼻咽腔狭小，如果腺样体肥大堵塞后鼻孔及咽鼓管咽口，会引起耳、鼻、咽、喉等多种症状。孩子睡眠中打鼾会引起缺氧，造成大脑供氧不足，引起生长激素分泌减少，不但影响身高，还可能影响智力发育。

**饮食要点**

1. 日常饮食宜清淡、易消化，少吃冷饮、油腻食物，避免积食内热，引起腺样体肥大。
2. 适当多食薏米、雪梨、百合、绿豆等食物，以助清热消肿。

# 绿豆汤 8月+

**材料** 绿豆 100 克。

**做法**

① 绿豆洗净，放入清水中浸泡 4 小时。

② 将绿豆同泡绿豆的水一起放入锅中，大火煮沸至绿豆刚开花即可。

**快乐成长 好营养**

绿豆有清热解毒、利水消肿的作用。

## 薏米柠檬水

**1**岁<sup>+</sup>

**材料** 薏米 40 克，柠檬片 10 克。

**做法**

❶ 薏米洗净，浸泡 4 小时，倒入锅中煮开，转小火熬制 1.5 小时，即为薏米水。

❷ 把薏米水倒碗中，放入切好的柠檬片即可。

快乐成长
好营养

这款饮品能帮助孩子利尿、清内火。

## 银耳莲子雪梨汤

**1.5**岁<sup>+</sup>

**材料** 干银耳 5 克，莲子 30 克，枸杞子 10 克，雪梨 200 克。

**调料** 冰糖 5 克。

**做法**

❶ 银耳泡发，去根蒂，撕成小朵；莲子洗净；枸杞子洗净；雪梨洗净，去核，连皮切块。

❷ 将银耳、莲子、冰糖放入砂锅，加足量水，大火烧开，转小火慢慢熬至发黏，放入雪梨块、枸杞子，继续熬至银耳胶化即可。

快乐成长
好营养

这道汤有滋阴润肺、清肺热的功效。

## 长高益智关键营养素、黄金食材一览

| 钙 | 牛奶、酸奶、奶酪、大豆及其制品 | |
| 蛋白质 | 鸡蛋、禽畜肉类、鱼虾类、大豆及其制品 | |
| 脂肪 | 植物油、坚果种子 | |
| 维生素 A | 动物肝脏 | |
| 维生素 C | 新鲜蔬果，如彩椒、西蓝花、大白菜、猕猴桃、柠檬 | |

| 锌 | 牛肉、贝类、鱼类、蘑菇 | |
| 铁 | 动物血、动物肝脏、红肉 | |
| 维生素 D | 香菇、蛋黄、海鱼 | |
| 镁 | 坚果种子、绿叶蔬菜、粗粮 | |
| 卵磷脂 | 大豆及其制品、鸡蛋、鱼类、牛奶 | |
| DHA | 深海鱼类，如鳗鱼、带鱼、沙丁鱼、金枪鱼 | |

## 长高益智一周套餐推荐

| | 星期一 | 星期二 | 星期三 |
|---|---|---|---|
| 早餐 | 红薯饼<br>P41<br>菠萝柚子汁<br>P147 | 蔬菜蛋饼三明治<br>P144<br>杏仁玉米汁<br>P31 | 奶香山药松饼<br>P183<br>红豆南瓜银耳羹<br>P153 |
| 午餐 | 大米饭<br>五彩瘦肉丁<br>P19<br>荷塘小炒<br>P124<br>牛油果苹果汁<br>P148 | 大米饭<br>香菇胡萝卜炒芦笋<br>P25<br>鲫鱼蒸滑蛋<br>P175<br>茄汁菜花<br>P176 | 鲜虾小馄饨<br>P59<br>清炒扁豆丝<br>P172<br>核桃仁蒜薹炒肉丝<br>P39 |
| 晚餐 | 海鲜粥<br>P61<br>肉末小白菜<br>P75<br>鲜肉包<br>P42 | 黑米面馒头<br>P143<br>牡蛎豆腐汤<br>P66<br>番茄烩茄丁<br>P73 | 什锦烩面<br>P167<br>芹菜拌腐竹<br>P94<br>菠萝柚子汁<br>P147 |

| 星期四 | 星期五 | 星期六 | 星期日 |
|---|---|---|---|
| 猪肉茴香蒸包<br>P142<br>桂圆红枣豆浆<br>P146 | 皮蛋瘦肉粥<br>P127<br>香蕉紫薯卷<br>P141 | 紫菜包饭<br>P133<br>虾皮小白菜<br>P160<br>牛奶玉米汁<br>P64 | 西蓝花鸡蛋饼<br>P71<br>燕麦黑芝麻豆浆<br>P87 |
| 红枣花卷<br>P141<br>山药炒虾仁<br>P156<br>丝瓜白玉菇汤<br>P121 | 大米饭<br>白灼芦笋<br>P164<br>红烧肉<br>P110 | 金枪鱼芝麻饭团<br>P86<br>核桃莴笋<br>P164<br>罗宋汤<br>P103 | 蔬菜蛋饼三明治<br>P144<br>虾皮小白菜<br>P160<br>桂圆红枣豆浆<br>P146 |
| 大米饭<br>秋葵炒鸡丁<br>P159<br>豆芽丸子汤<br>P109 | 菠萝什锦饭<br>P172<br>扇贝南瓜汤<br>P155 | 紫薯发糕<br>P157<br>海带结炖腔骨<br>P170<br>茄汁菜花<br>P176 | 荷香小米蒸红薯<br>P138<br>海带豆腐汤<br>P85<br>鸡肉什锦鹌鹑蛋<br>P112 |

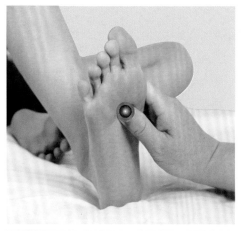

### 按揉涌泉

[ 取穴 ] 足心，第二、三趾的趾缝纹头端与足跟连线的前 1/3 和后 2/3 之交点处，屈趾时足心凹陷处。

[ 操作 ] 用拇指按揉涌泉 100 次。

[ 功效 ] 补肾壮骨，缓解疲劳。

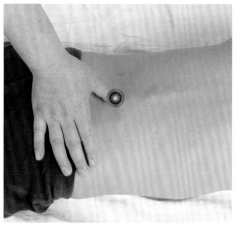

### 按揉命门

[ 取穴 ] 腰部，后正中线上，第二腰椎棘突下凹陷中。

[ 操作 ] 孩子取俯卧位，用拇指指腹按揉命门 30 次。

[ 功效 ] 培补肾气。肾主骨，肾气旺盛才能有效促进骨骼生长。

### 运内八卦

[ 取穴 ] 手掌面，以掌心为圆心，从圆心到中指指根横纹的 2/3 为半径所做的圆。

[ 操作 ] 用运法，沿入虎口方向运，称逆运内八卦；沿出虎口方向运，称顺运内八卦。各运 50 次。

[ 功效 ] 消食退热，强健脾胃。

## 捏脊

[ 取穴 ] 后背正中，整个脊柱，从大椎或后发际至尾椎的一条直线。

[ 操作 ] 用拇指与食、中二指自下而上提捏孩子脊旁 1.5 寸处，叫捏脊。捏脊通常捏 3~5 遍，每捏三下将背脊皮肤提一下，称为"捏三提一法"。

[ 功效 ] 通过捏拿脊椎肌肤，可以刺激背部穴位，从而有效调节脏腑功能，改善肌肉和骨骼系统的营养，助力孩子生长发育。

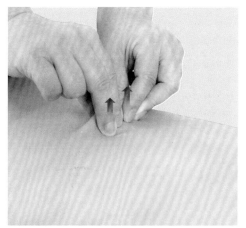

## 推掐四横纹

[ 取穴 ] 掌面食指、中指、无名指、小指第一指间关节横纹处。

[ 操作 ] 拇指先掐后揉，掐一揉三，称掐揉四横纹；或将孩子四指并拢，自食指中节横纹推向小指中节横纹，称推四横纹。各掐揉 3~5 次或推 100~300 次。

[ 功效 ] 消食化滞。改善孩子脾胃不足，食欲不佳。

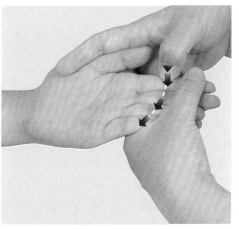

## 揉板门

[ 取穴 ] 手掌大鱼际中间最高点。

[ 操作 ] 用拇指指端揉板门 100 次，叫揉板门，也叫运板门。

[ 功效 ] 改善孩子厌食、乏力等不适，帮助增强体质。

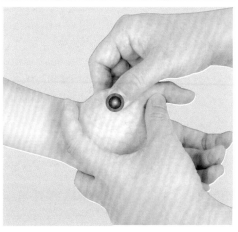

# 这些小动作、小运动助力长个儿

## 跳绳

**动作讲解**

❶ 身体自然站立,两脚踝稍错开,面朝前,目视前方。上臂贴近身体,肘稍外屈,手腕发力摇绳,在体侧做画圆动作。

❷ 绳子的转动应匀速有节奏,脚尖点地(这样可以缓解对膝盖的冲力,减少膝踝软组织的损伤的震动),动作尽可能轻盈带有弹性。

## 腿部拉伸

**动作讲解**

❶ 身体呈分腿跪姿,左腿在前,屈膝呈90度角,右腿在后,膝盖触地;背部挺直,双手置于左腿膝盖上,目视前方。

❷ 髋部向前移动,直至髋部屈肌有牵拉感但不觉疼痛,拉伸动作持续10~30秒,换另一条腿重复动作。

## 纵跳摸高

**动作讲解**

❶ 确定一个摸高的位置,身体直立,两脚快速用力蹬地,同时两臂稍屈由后往前上方摆动,向前上方跳起腾空,并充分展体。

❷ 原地屈膝开始跳,空中做直腿挺身动作,髋关节完全打开,做出背弓动作,落地时屈膝缓冲。

## 爬墙摸高

**动作讲解**

❶ 面对墙壁而立,墙上预先画一条标记线,此线为自己能摸到的最高点。然后,用双手手指沿墙升高,脚后跟抬起,手臂尽量向上伸展,设法触及或超出标记线。

❷ 接着将脚后跟与手一起慢慢放下。摸高向上时吸气,腹肌用力;放下时呼气,腹肌放松。

## 开合跳

**动作讲解**

❶ 站姿跳跃,双脚往外张开约1.5个肩宽,双手往头顶方向击掌,注意手肘尽量伸直在头部两侧夹紧,同时使身体往上延伸。

❷ 再跳一次后双脚并拢,双手拍大腿两侧,注意身体仍要往头顶方向延伸,尽量不要驼背,重复动作。

## 平躺拉伸

**动作讲解**

❶ 平躺在床上,要使手和脚尽量向最远的地方延伸。

❷ 每次伸展15秒,如此反复3~5分钟。